NATUR UND TIERE

Mein erstes Wissensbuch

Inhalt

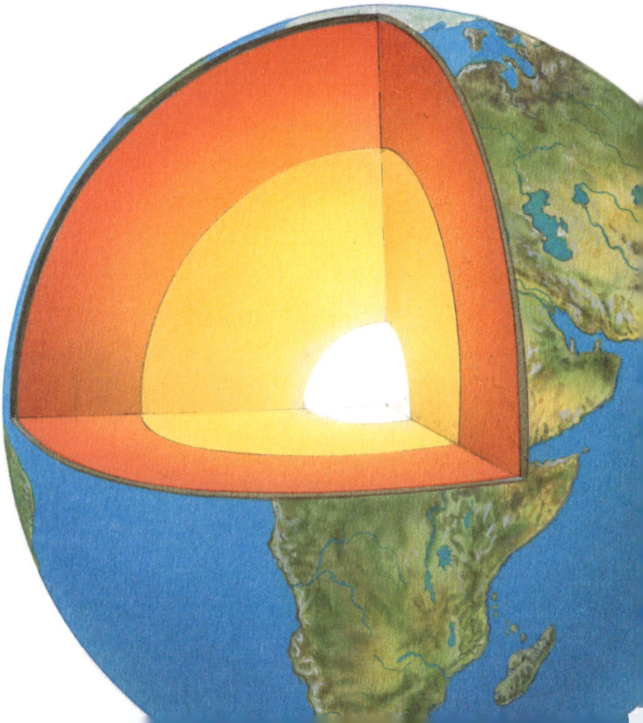

Unsere Erde

Inhalt

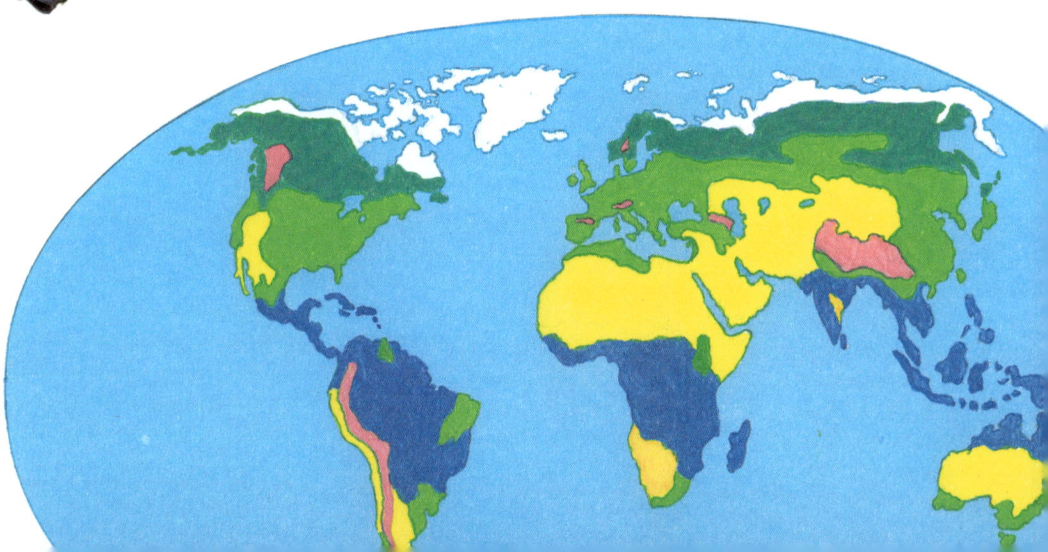

Die Sonne und ihre Planeten

Die Erde ist einer von neun Planeten, die um die Sonne kreisen. Sie bilden zusammen mit Asteroiden und Kometen das Sonnensystem.
Die Sonne steht in der Mitte des Sonnensystems und die Planeten umkreisen sie auf ihren Umlaufbahnen. Die Erde ist der einzige Planet unseres Sonnensystems, auf dem es Leben gibt.

Erde und Sonne

Die Erde dreht sich nicht nur um sich selbst, sondern auch in einer Kreisbahn um die Sonne. Für diesen Umlauf benötigt sie 365 Tage. Das ist ein Jahr.

Die Erde und das Weltall

Anna hat Geburtstag. Ihre Mutter nimmt sie zu einer Überraschungsfahrt mit. „Heute schenke ich dir einen ganzen Sternhimmel!“, sagt die Mutter. Sie halten vor einem Gebäude mit einer Kuppel. Das ist ein Planetarium. Dort kann man in der halbrunden Kuppel Bilder vom Sternhimmel betrachten. Anna und ihre Mutter nehmen Platz. Das Licht geht aus. Plötzlich tauchen ganz viele Sterne am Kuppelhimmel auf. Eine Stimme erzählt, dass es im Universum Milliarden von Sternen gibt. Anhäufungen von vielen hunderttausend Sternen nennt man „Galaxien“.

Unsere Sonne und die sie umkreisenden Planeten befinden sich in der äußeren Zone der „Milchstraße“. Sie ist nur eine von 100 Milliarden Galaxien.

Warum gibt es Jahreszeiten?

Die Erde kreist um eine gedachte Linie zwischen Nord- und Südpol. Durch die Schrägstellung der Erdachse zeigt der Nordpol etwa ein halbes Jahr zur Sonne, ein weiteres halbes Jahr der Südpol.

Auf der sonnenzugewandten Seite der Erde herrscht Sommer. Auf der sonnenabgewandten Südhalbkugel ist in dieser Zeit Winter.

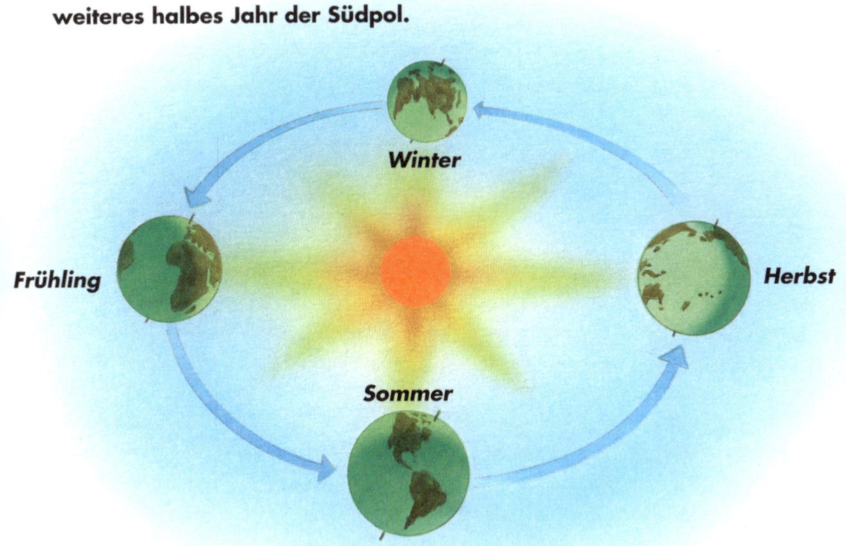

Am 21. März beginnt bei uns der Frühling. Sommeranfang ist am 21. Juni.

Am 22./23. September beginnt der Herbst. Ab 21. Dezember ist Winter.

Innerhalb von 24 Stunden dreht sich die Erde einmal um ihre Achse. Diese Drehung verursacht den Wechsel zwischen Tag und Nacht. Auf der Seite der Erde, die der Sonne zugewandt ist, herrscht Tag. Auf der anderen Seite ist Nacht.

Innerhalb von 29,5 Tagen umkreist der Mond die Erde einmal. Dieser Zeitraum entspricht etwa einem Monat.

1. Vor etwa 15 Milliarden Jahren gab es eine gewaltige Explosion, den Urknall. Gase bildeten sich, aus denen sich im Laufe von Jahrmillionen Galaxien, Sterne und das Universum bildeten, wie wir es heute kennen.

2. Unsere Sonne entstand 10 Milliarden Jahre nach dem Urknall aus einer Gas- und Staubwolke. Die festen Bestandteile der Wolke ballten sich zusammen und bildeten die Sonne und andere Planeten. Vor 4,6 Milliarden Jahren entstand die Erde.

3. Immer wieder wurde die Urerde von Kometen und Meteoriten getroffen. Dadurch erhitzte sie sich. Nur eine dünne Schicht an der Erdoberfläche kühlte ab und erstarrte.

4. Heiße Gesteinsströme durchbrachen den dünnen Erdmantel. Gase gelangten an die Oberfläche und bildeten die mit Sauerstoff und Stickstoff angereicherte Atmosphäre.

Die Entstehung der Erde

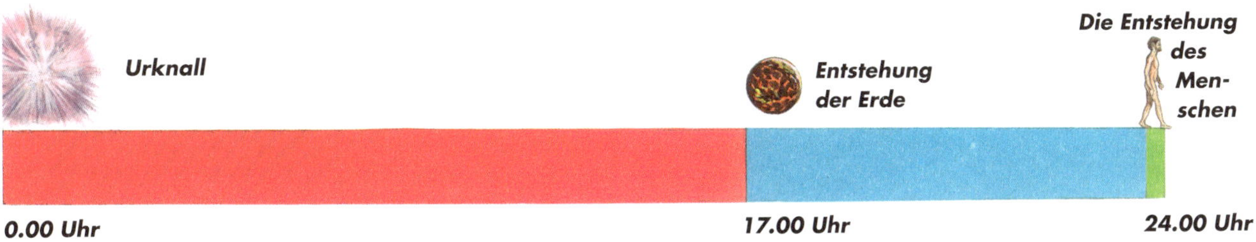

Am liebsten würde Anna mit einem Raumschiff durch das Weltall in fremde Galaxien reisen. Bestimmt würde sie irgendwo auf außerirdisches Leben stoßen. „Wie sind die Planeten eigentlich entstanden?“, fragt Anna die Mutter. In einem Film, der im Planetarium gezeigt wird, erfährt sie dann, dass das Weltall durch den „Urknall“ entstanden sein soll und sich dadurch auch die Planeten gebildet haben.

Wenn du die Entstehung des Weltalls mit einem Tag vergleichst, dann fand um 0.00 Uhr der Urknall statt, unsere Erde entstand etwa um 17.00 Uhr und erst eine Minute vor Ende des Tages gab es die ersten Menschen.

5. Aus den Vulkanschloten stiegen auch Wasserdampf und andere Gase auf. Sie ballten sich zu Wolken zusammen, aus denen jahrtausendelang Regen fiel. Der Regen kühlte die Erdkruste ab und sammelte sich in Vertiefungen und Tälern der Urlandschaft. Das Urmeer entstand. Darin entwickelte sich vor 4 Milliarden Jahren das erste Leben.

Meteoriten sind Gesteinsbrocken, die durch das Weltall treiben und auf andere Planeten stürzen können.
Vor 25 000 Jahren fiel ein nur 30 Meter großer Meteorit auf die Wüste von Arizona und schlug einen 180 Meter tiefen und 1200 Meter großen Krater in die Erde!

Tief im Erdinneren ist es so heiß, dass an manchen Stellen das Gestein schmilzt und sich als Magma in Magmakammern sammelt. Die Gase des Magmas drücken das glühende Gestein durch Spalten in der Erdkruste nach oben. Trifft es dort auf eine Schwachstelle, durchbricht es die Erdoberfläche und wird hinausgeschleudert. Magma, das an die Erdoberfläche tritt, nennt man Lava. Ein Vulkan ist entstanden. Vulkane können im Laufe der Zeit erlöschen.

Das Erdinnere

„Seit wir im Planetarium waren, kommt mir die Erde wie ein Karussell vor“, sagt Anna auf der Heimfahrt. Die Mutter lacht und möchte wissen warum. „Obwohl sich die Erde dreht, fallen wir nicht herunter. Nur gut, dass wir festen Boden unter den Füßen haben!“, meint Anna. „So fest ist der Boden unter unseren Füßen gar nicht“, sagt die Mutter. „Siehst du die grünen Hügel neben uns? Das sind alte erloschene Vulkane. Früher haben sie Feuer und Asche gespuckt – und das kam aus dem flüssigen Erdinnern. Wir leben nämlich nur auf einer dünnen Erdkruste, die immer wieder aufbrechen kann!“

Auf der Erde gibt es etwa 850 aktive Vulkane, von denen sich viele unter Wasser befinden. Vulkane erlöschen, wenn kein Magma mehr vorhanden ist. Der Schlot wird durch erstarrte Lava wie mit einem Pfropfen verschlossen. Manchmal erwachen erloschen geglaubte Vulkane auch wieder zum Leben.

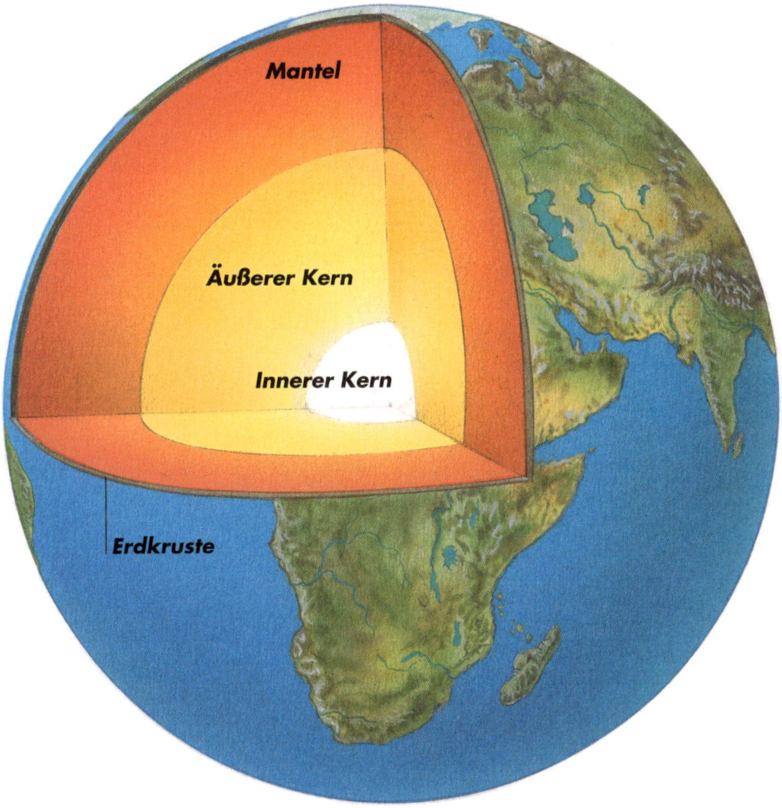

Die Schichten der Erde

Die Erde hat drei Hauptschichten: Kruste, Mantel und Kern. Die Erdkruste ist bis zu 10 Kilometer dick. Der Erdmantel ist 2900 Kilometer dick und besteht aus zähflüssigem Gestein. Der Kern in der Mitte der Erde besteht aus Metall. Er hat eine flüssige Außenschicht (2000 Kilometer dick) und einen festen inneren Kern (2700 Kilometer Durchmesser).

Wie Gebirge entstehen

Wenn zwei Kontintalplatten aufeinander treffen, falten sich an ihren Rändern Gebirge auf. Über 10 Millionen Jahre sind nötig, bis sich das Gestein zu einem Gebirge wie die Alpen auftürmt.

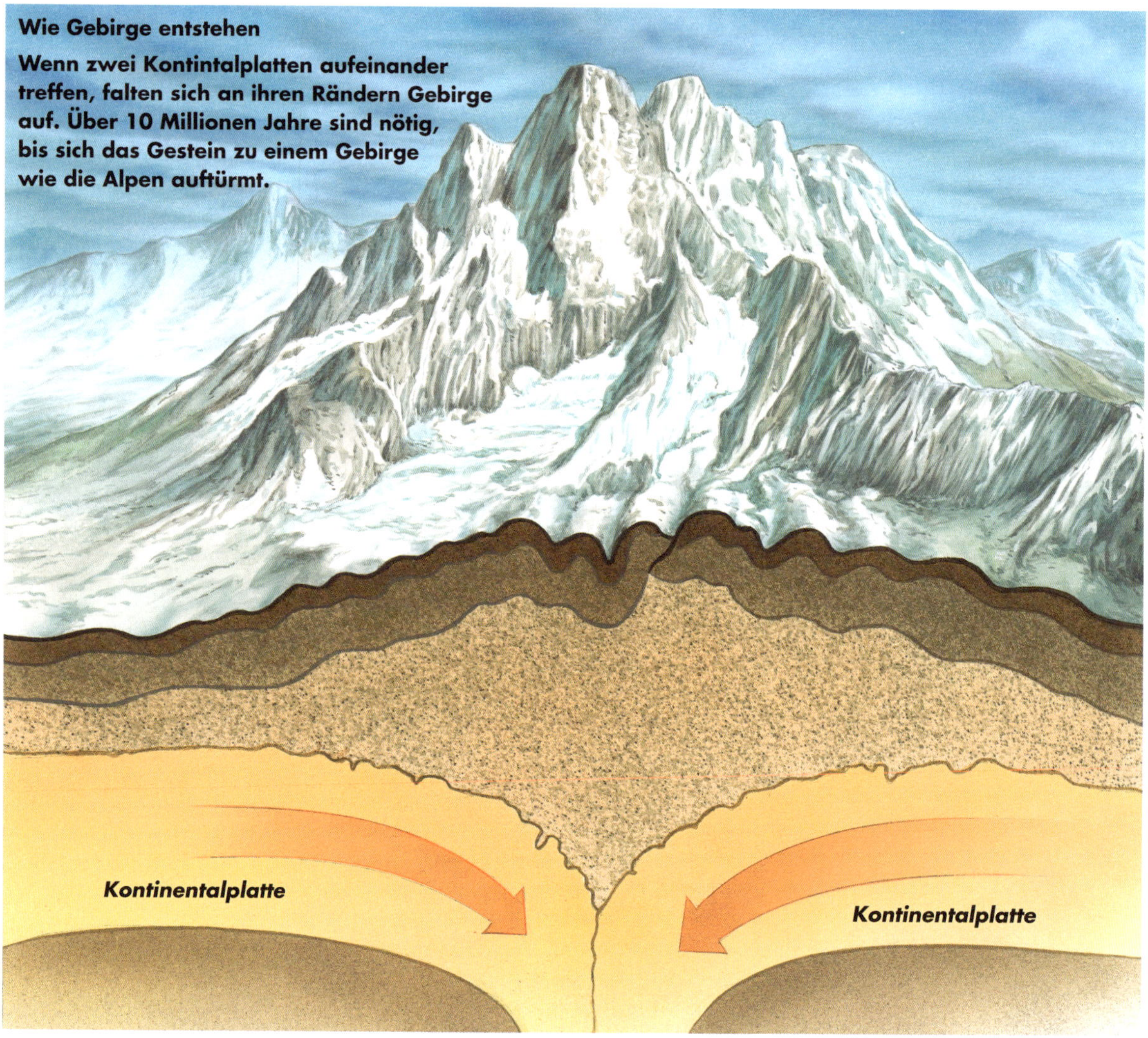

Durch die Kraft des Zusammenstoßes von Indien und dem asiatischen Festland faltete sich das höchste Gebirge unserer Erde auf – der Himalaja. Dabei wurden die Plattenränder zusammengedrückt. Der Mount Everest ist mit 8848 Metern der höchste Berg.

Wie Gebirge wachsen

Am nächsten Wochenende unternehmen Anna und ihre Mutter eine Wanderung in den Bergen. Annas Mutter ist Erdkundelehrerin und verbringt ihre freie Zeit am liebsten in der Natur. Anna begleitet sie gern, aber Bergsteigen findet sie anstrengend. „Wenn ich bloß wüsste, wer den Berg aufgetürmt hat!“, schimpft sie, als sie einen steilen Anstieg vor sich haben. Die Mutter lacht und sagt: „Warte nur, bis du die schöne Aussicht genießen kannst.“

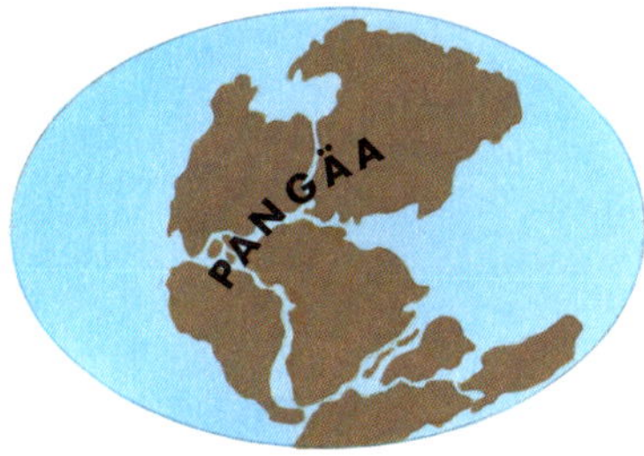

Vor etwa 325 Millionen Jahren bildete sich auf der Erde eine einzige zusammenhängende Landmasse – der Urkontinent Pangäa.

Vor etwa 200 Millionen Jahren zerfiel der Urkontinent in die beiden Erdteile Laurasia und Gondwana. Auch diese Erdteile zerfielen und bildeten die heutigen Kontinente.

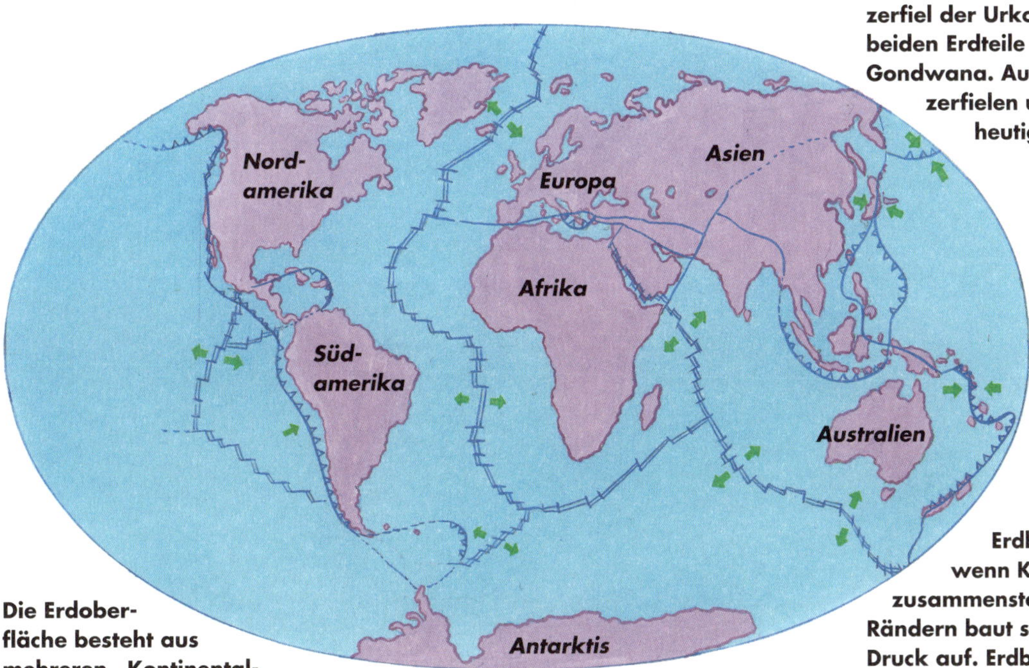

Die Erdoberfläche besteht aus mehreren „Kontinentalplatten“. Sie tragen die Erdteile und die Ozeane. Die Platten verschieben sich: Sie schwimmen wie Inseln auf dem heißen Mantel des Erdinneren.

Erdbeben entstehen, wenn Kontinentalplatten zusammenstoßen: An ihren Rändern baut sich ein riesiger Druck auf. Erdbeben breiten sich wellenförmig aus und sind oft über hunderte von Kilometern zu spüren.

Wasser, das in eine Höhle tropft, enthält gelösten Kalk. Der Kalk bleibt an der Decke oder am Boden als Kalzit zurück. Im Laufe der Zeit entstehen aus den Kalzitrückständen Tropfsteine. Von der Decke hängende Tropfsteine nennt man Stalaktiten, die vom Boden nach oben wachsenden heißen Stalagmiten.

Geheimnisvolle Höhlenwelt

Anna und ihre Mutter sind endlich am Ziel: eine Tropfsteinhöhle. Dort unten begegnet Anna einer ganz anderen Welt. Überall sind Tropfsteine. Sie glänzen wie Diamanten. Manchmal verbinden sie sich sogar zu Säulen oder sie hängen wie Lederlappen von der Decke. Immer wieder gehen Gänge ab, die irgendwo im Dunkeln enden. Plötzlich kommen sie an einen See. Hier endet die Höhle für die Besucher. Der Führer erklärt ihnen, dass ein unterirdischer Fluss noch viele andere Höhlenräume miteinander verbindet.

Einige Tierarten haben sich an das Leben in den feuchten, kalten und dunklen Höhlen angepasst. Fledermäuse und einige Vogelarten suchen hier Schutz. In den Gewässern leben Schwanzlurche, Höhlenfische und Krabben. Viele Arten sind blind und orientieren sich nur mit Hilfe ihres Tast- und Geruchssinns.

Die meisten Höhlen sind Kalksteinhöhlen. Sie entstehen durch Regenwasser, das in die feinen Risse der Kalksteinschichten eindringt. Dort zerfrisst es den Kalkstein und schwemmt ihn weg. So werden im Lauf der Zeit aus haarfeinen Rissen breite unterirdische Schächte und Höhlen.

Die Erdkruste ist eine wahre Schatzkammer. In ihr gibt es nicht nur viele unentdeckte Höhlen, sondern auch wertvolle Bodenschätze: Edelmetalle wie Gold, Silber, Kupfer oder Diamanten, Salz, Erdöl oder Erdgas.

Wenn die Wolken kein Wasser mehr aufnehmen können, fallen die Tröpfchen als Regen, Schnee oder Hagel auf die Erde zurück.

Die Wolken werden von Luftströmungen und Winden über die Erde getrieben. Dabei nehmen sie immer mehr Wasser auf.

Das Regenwasser sammelt sich in den Gewässern oder versickert in der Erde. Auf seinem Weg durch die verschiedenen Erdschichten wird das Regenwasser gefiltert und von Schmutzteilchen gereinigt. Es ist dann klasklar und bildet Quellen, die kleine Bäche speisen.

Der Wasserkreislauf

Geblendet vom Sonnenlicht tritt Anna aus der Höhle. Sie hat großen Durst. „Da vorne ist eine Quelle", sagt die Mutter. Die Quelle wird vom Grundwasser, das sich in tieferen Erdschichten befindet, gespeist. Das Wasser ist hell und klar. Anna schöpft mit beiden Händen etwas Wasser und kostet es. „Das schmeckt ja lecker!", ruft sie. Bisher hat sie Wasser nur aus Leitungshähnen oder Flaschen getrunken. „Die Quelle wird hier zu einem kleinen Bach", erklärt die Mutter. „Der Bach fließt in einen Fluss und der Fluss endet schließlich im Meer."

Die Sonne hält den Wasserkreislauf ständig in Bewegung. Sie erwärmt das Wasser der Meere, Seen und Flüsse. Dadurch verdunstet ein kleiner Teil des Wassers; es wird zu Dampf und steigt in die Luft auf. Aus dem Wasserdampf bilden sich Tröpfchen, die sich zu Wolken zusammenballen.

Große Flüsse wie der Rhein oder die Donau bilden sich durch den Zufluss kleinerer Flüsse. Diese wiederum sind aus Bächen und Rinnsalen entstanden, die von Quellen gespeist wurden. Der Rhein entspringt in der Schweiz, fließt durch Österreich in den Bodensee und wird danach durch den Zustrom vieler Flüsse, etwa dem Neckar, dem Main oder der Mosel, zu einem breiten Strom, der in Holland in die Nordsee mündet.

Die Gezeiten

Zweimal täglich steigt und fällt der Meeresspiegel im Abstand von etwa 6 Stunden.
Bei Niedrigwasser läuft das Wasser ab. Das Watt kommt zum Vorschein.
Die Gezeiten sind die Folge der Anziehungskraft, die Sonne und Mond auf die Erde ausüben.
Auf der Seite der Erde, die dem Mond zugewandt ist, entsteht ein Wasserberg, die Flut.
Der Wasserberg wandert mit dem Mond um die Erde.
Bewegt sich dieser Berg auf die Küste zu, hebt sich der Meeresspiegel zur Flut.
Wegen der Erddrehung herrscht auch auf der anderen Seite der Erde Flut. Zwischen den beiden Flutbergen ist Niedrigwasser – die Ebbe.
Auch die Sonne zieht am Wasser. Sonne und Mond ziehen jeweils einmal im Monat in der gleichen und einmal in der entgegengesetzten Richtung.
Bei Voll- und bei Neumond befinden sich Mond und Sonne in einer Linie mit der Erde. Ihre Anziehungskräfte sind nun so stark, dass Ebbe und Flut besonders ausgeprägt sind. Man spricht von einer Springflut.

Meere und Ozeane

„Warum ist Meerwasser eigentlich salzig?", fragt Anna. „Weil die Meere die Auffangbecken der Flüsse sind. Auf ihrem Weg zum Meer lösen die Wassermassen eines Flusses eine Menge Mineralien und eben auch Salze aus dem Boden", erklärt die Mutter. Die Salze werden ins Meer geschwemmt und dort abgelagert. So nimmt im Laufe der Zeit der Salzgehalt eines Meeres immer mehr zu. Je kleiner das Meer, desto salzhaltiger ist sein Wasser." „Stimmt!", weiß Anna, „im Toten Meer in Israel ist so viel Salz im Wasser, dass man darin gar nicht untergeht. Man kann beim Baden sogar Zeitung lesen!"

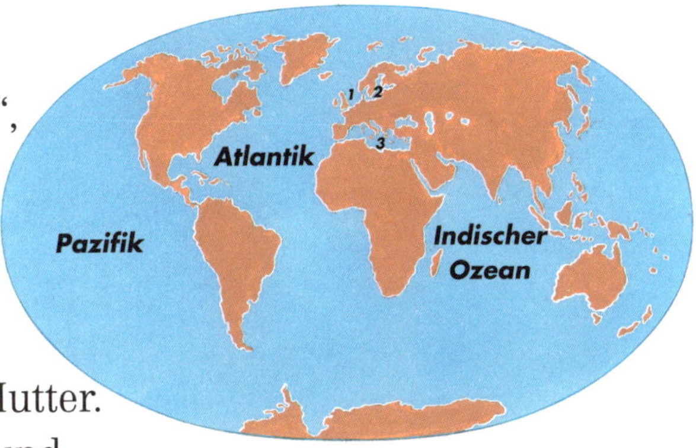

Über zwei Drittel der Erdoberfläche ist mit Wasser bedeckt. Diese große zusammenhängende Wassermasse gliedert sich in drei Ozeane: den Pazifischen, den Atlantischen und den Indischen Ozean sowie deren Nebenmeere. Das sind zum Beispiel die Nordsee (1), die Ostsee (2) und das Mittelmeer (3).

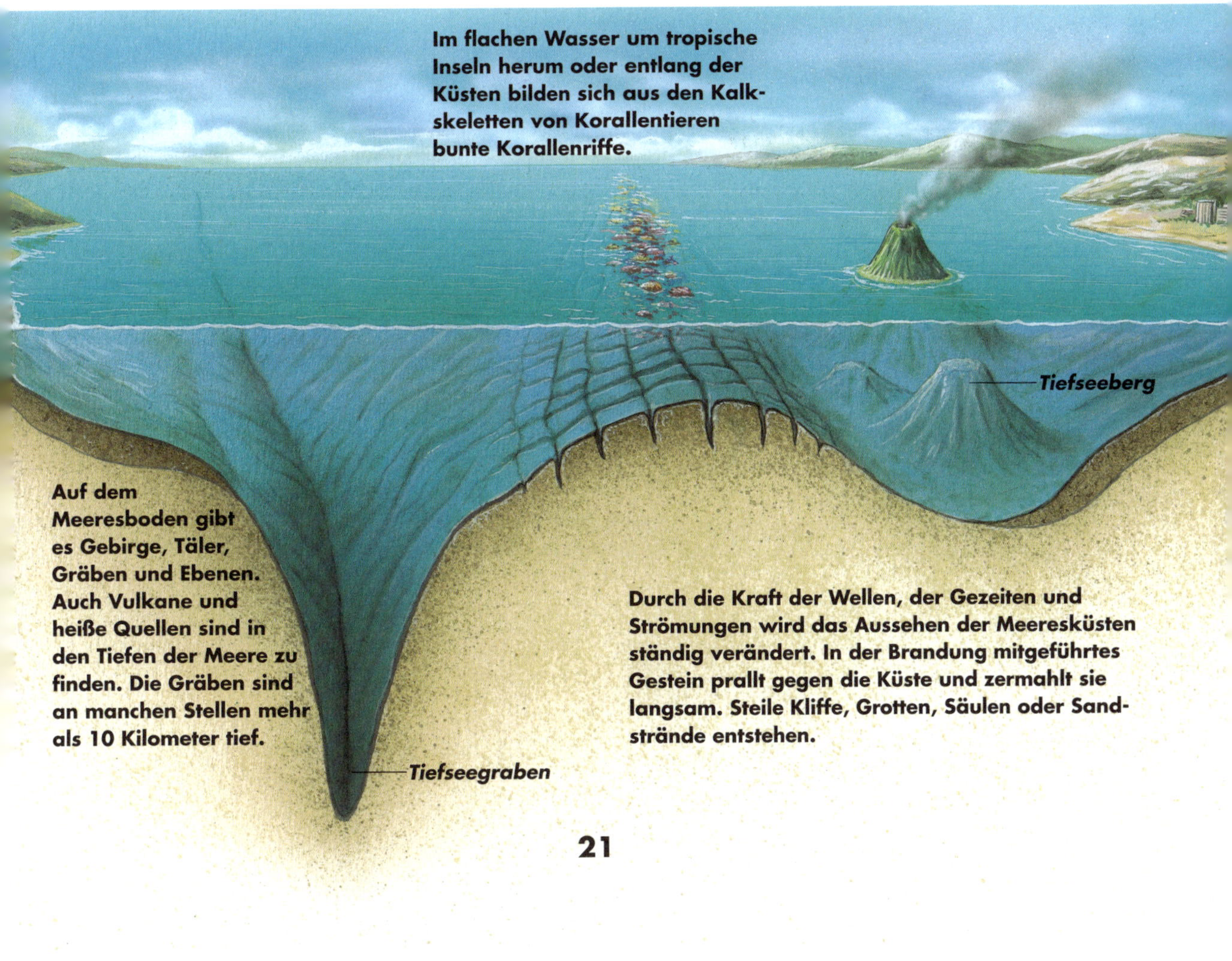

Im flachen Wasser um tropische Inseln herum oder entlang der Küsten bilden sich aus den Kalkskeletten von Korallentieren bunte Korallenriffe.

Auf dem Meeresboden gibt es Gebirge, Täler, Gräben und Ebenen. Auch Vulkane und heiße Quellen sind in den Tiefen der Meere zu finden. Die Gräben sind an manchen Stellen mehr als 10 Kilometer tief.

Durch die Kraft der Wellen, der Gezeiten und Strömungen wird das Aussehen der Meeresküsten ständig verändert. In der Brandung mitgeführtes Gestein prallt gegen die Küste und zermahlt sie langsam. Steile Kliffe, Grotten, Säulen oder Sandstrände entstehen.

Ein Tornado ist ein starker Wirbelsturm, der aus Gewitterwolken entstehen kann. Die Wolken beginnen sich zu drehen und ein Windtrichter entsteht, der bis zum Boden reicht. Ein Tornado wirbelt mit Geschwindigkeiten von bis zu 500 Kilometern pro Stunde über die Erde und reißt wie ein riesiger Staubsauger Gegenstände empor.

Ein Hurrikan, auch Taifun oder Zyklon genannt, ist ein Wirbelsturm. Er erreicht Geschwindigkeiten von etwa 300 Kilometer in der Stunde. Luftmassen kreisen in hoher Geschwindigkeit um die Mitte, das „Auge" des Hurrikans herum. Dort ist es ruhig und windstill.

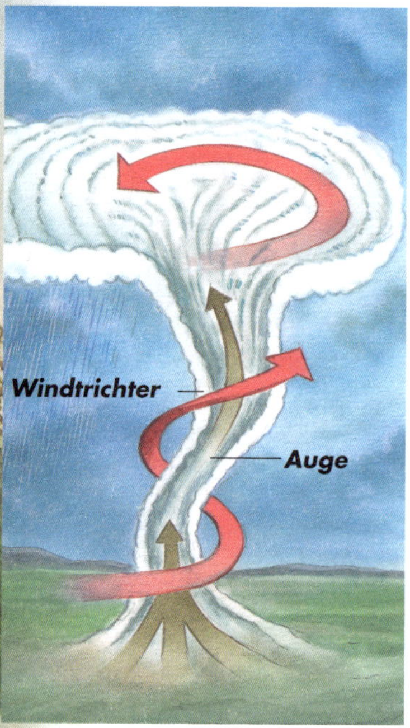

Das Wetter

Es ist sehr schwül. Obwohl der Weg nun bergab führt, würde Anna gern eine Pause machen. Doch die Mutter drängt: „Sieh nur, da braut sich ein Gewitter zusammen. Wir müssen uns beeilen!“, sagt sie. Anna schaut zum Himmel. Eine riesige, dunkle Wolke hat sich über ihnen aufgetürmt. In ihrem Inneren grummelt es bedrohlich. Anna und ihre Mutter laufen schneller. Als sie das Auto erreichen, zucken die ersten Blitze über den Himmel.

Bäume und Drahtzäune ziehen Blitze an wie Regenschirme oder Zeltstangen aus Metall. In einem Haus oder Auto mit geschlossenen Scheiben bist du sicher.

An schwülen, windstillen Sommertagen steigt warme, feuchte Luft auf. Große dunkle Gewitterwolken bilden sich. Im Inneren der Gewitterwolken bauen sich starke elektrische Ladungen auf. Wird die Spannung zu groß, gibt es gewaltige Funkenentladungen, die Blitze. Sie heizen die umgebende Luft auf. Durch die Hitze dehnt sich die Luft mit Überschallgeschwindigkeit aus. Dies verursacht den Donner. Wenn man die Sekunden zwischen Blitz und Donner zählt und durch drei teilt, weiß man ungefähr, wie viele Kilometer das Gewitter entfernt ist.

Einen Regenbogen kannst du manchmal sehen, wenn bei Regen die Sonne hinter deinem Rücken steht. Der Regenbogen entsteht, wenn das Sonnenlicht durch die vielen Millionen Regentropfen fällt. Das Sonnenlicht wird dadurch in seine sieben Farben zerlegt: Rot, Orange, Gelb, Grün, Hellblau, Dunkelblau und Violett.

Im Steppen- und Wüstenklima leben Pflanzen und Tiere, die wenig Wasser brauchen. Dort regnet es fast nie. Tagsüber ist es heiß, die Nächte sind eiskalt.

Wir leben in gemäßigten Klimazonen. Unsere Sommer sind warm und die Winter kalt. Das Land ist fruchtbar und in den Mischwäldern gibt es viele Tiere.

Im Norden der Erde liegt die Tundra. Hier können Pflanzen nur während des kurzen, feuchten Sommers wachsen. Die Winter sind lang, kalt und schneereich.

Im Regenwald ist es feucht und heiß. Fast täglich gibt es einen Platzregen. Viele verschiedene Tiere und Pflanzen leben dort.

Je höher die Gebirge, desto kälter ist es dort. Im Hochgebirge sind die Sommer recht kurz und die Winter lang. Auf den Höhen liegt meist Schnee. Die Täler sind feuchtwarm.

In der Polarzone ist es das ganze Jahr kalt und trocken. Sie gehört zu den kältesten Gebieten der Erde. Der größte Teil ist ständig von Eis bedeckt.

Wie ist das Klima anderswo?

Anna spielt mit dem Globus ihres Großvaters. Sie dreht den Erdball um seine Achse, macht die Augen zu und stoppt die Drehbewegung mit ihrem Zeigefinger. Sie öffnet die Augen und schaut, wo ihr Finger gelandet ist. „Brasilien" liest sie.
Dort herrscht ein ganz anderes Klima als in Europa. Im Sommer und im Winter ist es dort warm und feucht. Viele Bäume blühen und tragen gleichzeitig Früchte. Annas Finger wandert weiter nördlich und landet schließlich am Nordpol. „Brrr!", denkt Anna, „da ist es ja immer nur kalt!"

Die Wetterbedingungen eines Gebietes bezeichnet man als Klima. Zum Klima zählen Sonneneinstrahlung, Temperatur, Feuchtigkeit, Wind, Niederschlag und Bewölkung. Das Klima einer Gegend wird durch ihre Lage auf der Erde bestimmt. Rund um den Äquator ist es immer warm, weil die Sonne dort im immer gleichen Abstand scheint. In den Gebieten, die weit vom Äquator entfernt sind, ist es dagegen kühler.

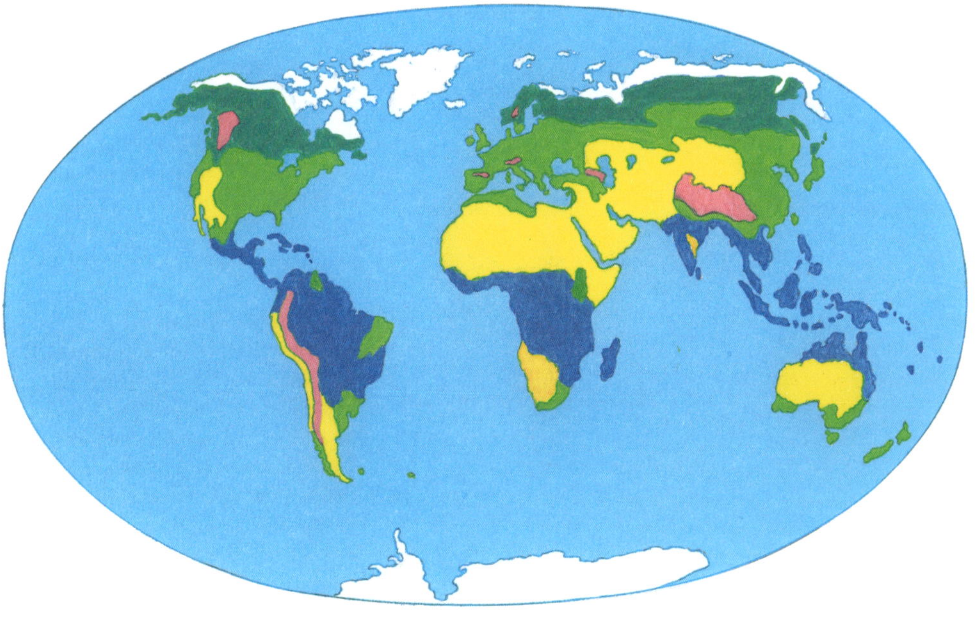

Polargebiete

Tundra und Nördliche Wälder

Gemäßigte Zone

Wüste

Hochgebirge

Regenwald

Erosion

Die Erdoberfläche verändert sich ständig. Wind, Regen und Eis formen und verwittern sie. Steter Tropfen höhlt den Stein: Während der letzten 10 Millionen Jahre hat der Fluss Colorado in Nordamerika das Felsgestein bis zu einer Tiefe von 900 Meter ausgewaschen und den Grand Canyon gebildet, den größten Canyon der Welt.

Gletscher

Wenn große Schneemassen übereinander gehäuft werden, verwandelt sich der Schnee zu Eis. In schattigen Gebirgstälern des Hochgebirges, wo der Schnee das ganze Jahr über nicht schmilzt, bilden sich Eismassen, die Gletscher.
Weil der Druck der Eismasse ständig zunimmt, beginnt der Gletscher zu „wandern". Er führt Gesteinsschutt mit sich, die Moränen. Er schiebt sich talwärts und hobelt dabei große Mengen Gestein ab.
Das Eis am unteren Rand eines Gletschers schmilzt, wenn dieser die Nähe des Tals mit wärmeren Temperaturen erreicht hat. U-förmige Täler entstehen, die nach Abschmelzen des Gletschers sichtbar werden.

Wunder der Natur

„Post für dich!“, ruft die Mutter. Es ist eine Ansichtskarte von Lukas, Annas bestem Freund.

Er macht Ferien im Elbsandsteingebirge im Osten von Deutschland. „Schau mal, Mama“, sagt Anna. „Die Berge sehen ja aus, als hätte sie jemand mit der Hand gemacht.“ Tatsächlich haben Wind, Wasser und Eis das Aussehen des Elbsandsteingebirges verändert: Wasser und Eis waschen das Gestein aus, Wind trägt es ab. Diese Kräfte nennt man „Erosion“. Anna ist begeistert. Sie findet, dass das Elbsandsteingebirge wie ein Kunstwerk aussieht.

Polarlicht

In der Nähe der beiden Erdpole kann man wunderbare farbige Lichter am Himmel beobachten – das Polarlicht.
Es entsteht, wenn die Sonne elektrisch geladene Teilchen von sich schleudert. Die magnetischen Erdpole ziehen diese an. Wenn die Sonnenteilchen mit elektrischen Teilchen in unserer Atmosphäre zusammenprallen, beginnen sie zu leuchten.

Springquellen

Heiße Springquellen werden auch „Geysire“ genannt.
Sie entstehen, wenn das Quellwasser durch Magma so erhitzt wird, dass es zu kochen beginnt. In regelmäßigen Abständen werden das heiße Wasser und der Wasserdampf als Fontäne durch eine Öffnung im Erdboden hinausgeschleudert.

Vor etwa 400 Millionen Jahren lebten Kopffüßer wie zum Beispiel die Ammoniten (links im Bild). Ihre Nachfahren sind die Tintenfische. Aus den kieferlosen Osteostraci (rechts im Bild) entwickelten sich später die Fische.

Die ersten Lebewesen entwickelten sich im Meer. Eusthenopteron und der Fischschädellurch Ichthyostega waren halb Meeres- und halb Landtiere. Aus ihnen gingen später die Amphibien hervor.

Knochenfunde, Fußspuren, Hautabdrücke, Eier und sogar Kot geben uns Aufschluss darüber, wie die Dinosaurier früher ausgesehen haben könnten. Manchmal haben Forscher das Glück, das Skelett eines ganzen Dinosauriers zu finden. In mühsamer Kleinarbeit werden die Einzelteile haltbar gemacht und dann zusammengesetzt. So könnte der Raubsaurier Tyrannosaurus Rex ausgesehen haben.

Lebensspuren im Stein

„Bitte nicht schon wieder wandern!“, jammert Anna am Wochenende, als die Mutter wieder den Rucksack mit belegten Broten packt. „Heute machen wir eine Führung in einem Kalksteinbruch“, antwortet die Mutter. „Vor vielen Millionen Jahren war dort einmal ein Meer. Heute ist das Meer verschwunden, aber in dem Kalkstein sind noch Überreste der Tiere zu finden, die damals gelebt haben.“ „Vielleicht finde ich ja einen Dinosaurierknochen“, freut sich Anna.

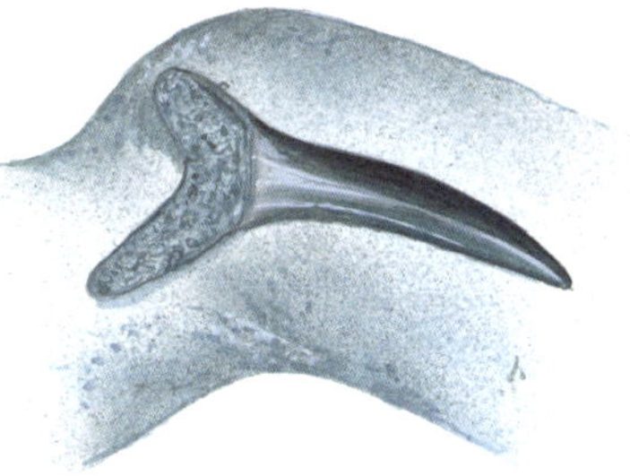

Fossilien sind die versteinerten Überreste von Lebewesen. Skelette, Schneckenhäuser, Hautreste, Zähne und Fußspuren können im Stein erhalten sein. Auch Pflanzen können versteinern. Wenn man weiß, wann bestimmte Lebewesen gelebt haben, kann man an den Fossilien das Alter des Gesteins bestimmen.

1. Ein Lebewesen wird nach seinem Tod von Sand oder Schlamm bedeckt.

Während die Weichteile verwesen, bleiben die Knochen erhalten.

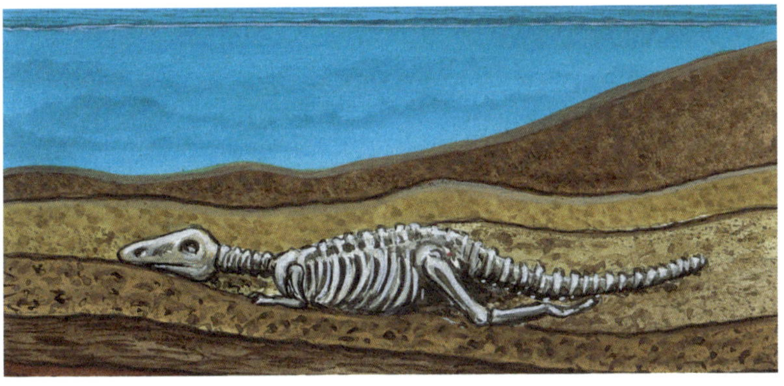

2. Mit der Zeit füllen Mineralien die feinen Hohlräume im Inneren der Knochen aus und härten sie.

Gesteinsschichten türmen sich im Laufe von Jahrmillionen über dem Skelett auf.

3. Im Laufe der Zeit werden die Gesteinsschichten durch Wind und Wetter abgetragen und die Fossilien kommen wieder an die Erdoberfläche. Dort, wo früher einmal ein Meer war, findet man häufig versteinerte Muscheln, Seesterne oder die schneckenförmigen Ammoniten.

Worterklärungen

Antarktis: Gebiet um den Südpol.

Amphibien: Wechselwarme Kriechtiere, die sowohl im Wasser als auch an Land leben.

Äquator: Der 0. Breitengrad. Er teilt die Erde in die nördliche und in die südliche Halbkugel.

Arktis: Gebiet um den Nordpol.

Asteroid: Gesteinsbrocken, die um die Sonne kreisen.

Atmosphäre: Umgibt die Erde wie eine Lufthülle bis in etwa 500 Kilometer Höhe.

Ebbe: Der Zeitpunkt, an dem an der Küste der Wasserstand am niedrigsten ist.

Erdachse: Gedachte Linie, um die sich die Erde dreht.

Erosion: Alle Veränderungen der Erdoberfläche, verursacht von den natürlichen Kräften Wind, Wasser, Eis.

Flut: Der Zeitpunkt, an dem der Wasserstand an der Küste am höchsten ist.

Fossilien: Lebewesen, die als Versteinerungen im Fels erhalten geblieben sind.

Galaxie: Viele Sternsysteme bilden eine Galaxie. Unsere Galaxie heißt Milchstraße.

Geysir: Vulkanische Quelle.

Gezeiten: Bezeichnung für Ebbe und Flut.

Komet: Himmelskörper aus Eis und Stein. Sobald ein Komet in die Nähe der Sonne kommt, bekommt er einen leuchtenden Gasschweif.

Kontinent: Erdteil.

Korallen: Kleine Meerestiere mit Kalkskeletten.

Lava: Flüssiges, heißes Gestein, das bei einem Vulkanausbruch aus dem Inneren der Erde strömt.

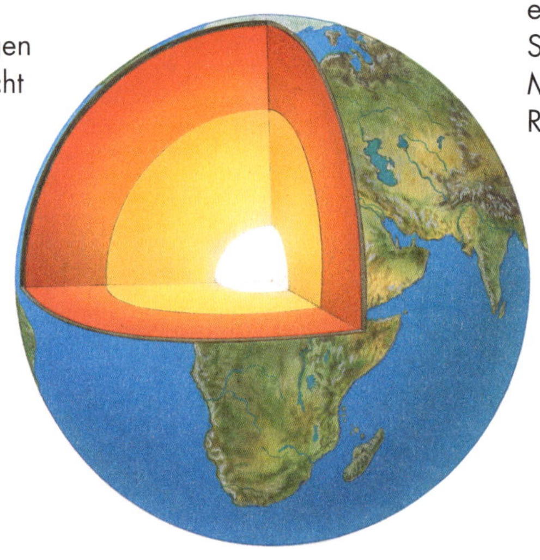

Magma: Flüssiges, heißes Gestein, das im Erdinnern unter der Erdkruste liegt.

Meeresspiegel: Wasseroberfläche des Meeres.

Meteorit: Stein- oder Metallstück aus dem All, das auf die Erde stürzt.

Mond: 1. Name für den Erdmond. 2. Himmelskörper, der in einer festen Bahn um einen Planeten zieht.

Sonnensystem: Sonne, Planeten, Monde und alle anderen Himmelskörper, deren Bewegungen durch die Sonne bestimmt werden.

Tidenhub: Der sich verändernde Wasserstand zwischen Ebbe und Flut.

Universum: Das Weltall; es umfasst unzählige Galaxien, Sterne, Sonnen, Planeten und Monde und den weiten, leeren Raum dazwischen.

Vulkan: Berg, aus dessen Öffnung geschmolzenes Gestein und Asche herausgeschleudert wird.

Quiz

1. Was ist ein Planetarium?

a) Ein Gewächshaus für seltene Pflanzen

b) Ort, an dem man die Bewegungen des Sternhimmels beobachten kann

c) Freizeitpark für Weltrauminteressierte

2. Was ist der Urknall?

a) Explosion, bei der unser Weltall entstand

b) Das Geräusch von Knallfröschen

c) Explosion, bei der unsere Sonne entstand

3. Durch Erosion …

a) … entsteht ein Gewitter

b) … entsteht ein Hurrikan

c) … wird die Erdoberfläche verändert

4. Was ist ein Stalaktit?

a) Tropfstein, der von oben nach unten wächst

b) Tropfsteinsäule

c) Tropfstein, der von unten nach oben wächst

5. Was ist ein Tornado?

a) Ein Gerät zur Wetterbeobachtung

b) Kreisender Sturm über dem Meer

c) Trichterförmiger Wirbelsturm an Land

6. Was sind Fossilien?

a) Eine ausgestorbene Tierart

b) Versteinerte Überreste von Lebewesen

c) Seltene Höhlenbewohner

Lösung:
1b - 2a - 3c - 4a - 5c - 6b

Pferde

Inhalt

Fenster
Anbind-Ring
Futtertrog
Selbsttränke
Heunetz
Jaucherinne
Eimer
Schaufel
Füttere ein Pferd immer
mit der flachen Hand.
Heugabel
Besen
Mistgabel

Ninas neue Freunde

Seit Ostern geht Nina in eine neue Schule. Sie hat auch schon eine Freundin. Die heißt Julia und hat sogar ein eigenes Pferd. Nina sitzt neben ihr. Sie findet es toll, wenn Julia von ihrem Pferd erzählt. Heute besucht sie Julia und ihr Islandpony Mischa bei Bauer Jansen. Vorsichtig biegt Nina um die Stallecke. Ein bisschen Bammel hat sie schon vor Pferden. Julia mistet gerade den Stall aus. Mischa steht angebunden vor der Stallbox. „Komm ruhig her“, sagt Julia, „Mischa tut dir nichts.“ Nina zögert noch ein wenig, aber dann geht sie auf ihn zu. Mischa merkt gleich, dass Nina Möhren dabei hat. Er schaut sie an und stupst sie mit den Nüstern. „Lass das“, sagt Nina und lacht. Vorsichtig streichelt sie das samtige Maul. „Wenn du willst, zeige ich dir, wie du die Möhren am besten füttern kannst“, meint Julia.

Wie viel Zeit braucht man für ein Pferd?

Ein Pferd braucht Zuwendung und kostet viel Zeit. Im Stall gehaltene Tiere müssen täglich zweimal besucht werden. Zum Ausmisten, Putzen und Füttern benötigt man etwa eine Stunde. Außerdem sollte ein Pferd jeden Tag Auslauf haben oder geritten werden. Nur in einem sauberen Stall fühlt sich dein Pferd wohl. Feuchtes Stroh und frischer Mist werden täglich entfernt. Alle ein bis zwei Wochen sollte die Einstreu der Box ganz ausgewechselt werden. Länger in die Ferien fahren kann man bei einem eigenen Pferd nur, wenn man jemanden hat, der in dieser Zeit für das Pferd sorgt.

Die Hufe müssen jeden Tag ausgekratzt werden. So kann der feuchte Mist keine Krankheiten verursachen. Reitpferde werden beschlagen, damit sie sich auf hartem Untergrund besser bewegen können.

Bei der Pferdepflege

Nina ist begeistert. Wie zutraulich Mischa ist! Gemeinsam mit Julia bürstet sie Mischas Fell und kämmt seine Mähne. Danach reinigt Julia mit einem sauberen, feuchten Schwamm die Augen- und Nüsternwinkel. Zum Schluss, vor dem Füttern, werden die Hufe ausgekratzt. Nina spricht leise auf Mischa ein. Mischa gefällt das. Seine Ohren sind nach vorn gerichtet. „Du kannst gut mit Pferden umgehen“, sagt Julia. „Hättest du nicht Lust, in den Pfingstferien mit auf den Reiterhof zu kommen? Da fahre ich jedes Jahr hin. Und Mischa freut sich auch. Der kommt nämlich mit!“

Beim regelmäßigen Ausbürsten wird das Fell gesäubert und die Haut massiert. Zuerst löst man mit Gummistriegel und Wurzelbürste den Schmutz. Dann bürstet man den Körper mit der Kardätsche gründlich in die Richtung, in der die Haare des Fells gewachsen sind. Ab und zu streift man die Kardätsche am Striegel ab.

Ein Pferd braucht mehrmals am Tag etwas zu fressen. Wenn es noch wächst oder viel geritten wird, bekommt es zusätzlich zu Heu, Stroh und Gras auch Kraftfutter (Hafer, Gerste, Kleie oder Rübenschnitzel). Ein Salzleckstein sollte in keiner Box fehlen. Außerdem mag es Möhren und Äpfel.

**Mit dem Mähnenkamm werden Kletten und Knoten herausgekämmt.
Den Schweif bürstet man büschelweise mit der Kardätsche aus.**

**Die Hufe dämpfen die Sprünge ab. Die Lauffläche besteht aus der Sohle und einem v-förmigen Gebilde, dem Strahl.
Er ist gut durchblutet und sehr empfindlich.**

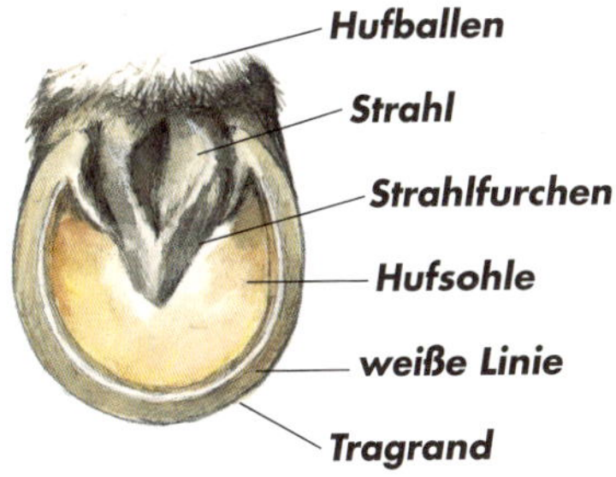

Voltigieren ist eine Art Gymnastik auf dem Rücken eines ruhig galoppierenden Pferdes. Durch Ausbindezügel wird verhindert, dass das Pferd seinen Kopf plötzlich hochreißt. Das Pferd trägt einen Gurt mit zwei Handgriffen, an denen man sich bei den Übungen fest halten kann. Hier siehst du eine Waage.

Auf dem Reiterhof

Seit Nina Mischa kennt, will sie unbedingt reiten lernen. Schließlich darf Nina wirklich mit Julia auf den Reiterhof fahren. Jan, der Reitlehrer, hat die beiden Mädchen gleich am ersten Tag auf die Koppel hinter die Ställe mitgenommen. Dort wartet Atlanta, eine kräftige Fuchsstute. Jan nimmt sie an die Longe und lässt sie im Kreis laufen. „Los Julia, zeig 'mal, wie gut du voltigieren kannst!“, sagt Jan. Julia nimmt ein wenig Anlauf, packt den Voltigiergurt und pringt auf Atlantas Rücken. Sie zeigt ein paar Kunststücke und springt wieder ab. Jetzt ist Nina an der Reihe. Jan hebt sie hinauf. Als Atlanta im Schritt losläuft, fühlt sich Nina wie auf einem schwankenden Schiff. Ob sie wohl jemals so gut reiten können wird wie Julia?

Voltigieren ist ein Mannschaftssport. Ein Team besteht aus acht bis fünfzehn Personen.

Mit einer Leine, der Longe, hat der Reitlehrer das Pferd unter Kontrolle ohne es selbst zu reiten. Das Pferd bewegt sich im Kreis um den Longenführer.

Diese Übung heißt Mühle. Das Kind bleibt im Sattel sitzen und dreht sich einmal um sich selbst.

Aufsatteln: Lege die Satteldecke über den Widerrist und ziehe sie etwas nach hinten. Schiebe die Steigbügel hoch und schlage den Gurt über die Sitzfläche. Lege nun den Sattel vorsichtig über den Widerrist und schiebe ihn leicht nach hinten.

Lass den Gurt vorsichtig heruntergleiten. Dann fasst du unter dem Bauch des Pferds nach der Gürtelschnalle und befestigst sie am Sattel.
Zwischen Gurt und Bauch müssen zwei Finger passen.

Sattle dein Pferd, bevor du es aufzäumst. Viele Pferde blähen sich beim Satteln auf. Nach dem Aufzäumen haben sie sich entspannt und du kannst nachgurten. Wenn du im Sattel sitzt, kannst du die Steigbügel anpassen.

Sattel

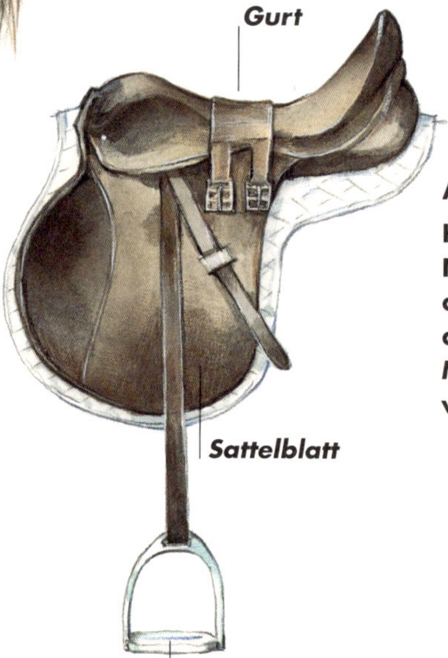

Zaumzeug

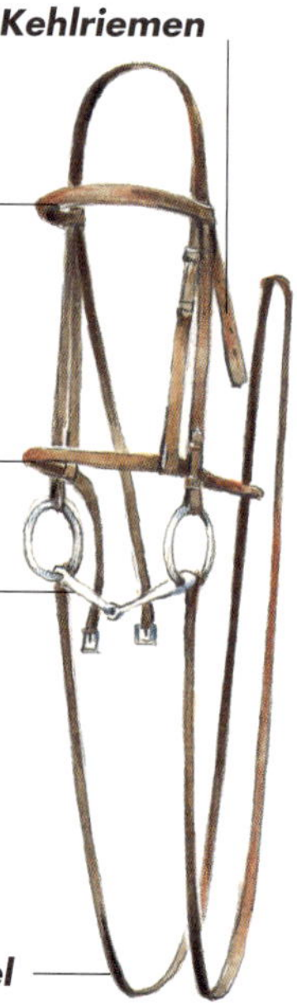

Aufzäumen:

Hebe das Zaumzeug über die Nüstern. Sobald das Mundstück das Maul berührt, schiebst du deinen linken Daumen in die Maulspalte und lässt das Gebiss vorsichtig ins Maul gleiten.

Jetzt hebst du das Kopfstück über die Ohren und lässt den Stirnriemen vor den Ohren. Der Schopf fällt über den Stirnriemen. Befestige erst den Nasen- und dann den Kehlriemen. Beim Kehlriemen muss eine Handbreit Platz sein, beim Nasenriemen zwei Finger.

Zum Führen nimmst du den Zügel unter der Kinngrube in die Hand. Das andere Ende hältst du mit der linken Hand. So behältst du die Kontrolle, wenn das Pferd plötzlich zieht. Wickle den Zügel niemals um die Hand.

Vor der ersten Reitstunde

Auf dem Reiterhof sind mehr als zwanzig Pferde untergestellt. Jan geht mit allen Kindern durch die Stallungen. „Wenn ihr euch ein Pferd aussucht, muss es nicht nur in der Größe, sondern auch von seinem Charakter her zu euch passen", erklärt Jan. Nina schaut sich alle Pferde genau an. Zwei Pferde mag sie besonders: das hübsche Welsh-Cob-Pony Thekla und die Schimmelstute Maja, die bald ihr Fohlen bekommen soll. Am Nachmittag geht es in die Sattelkammer. Julia will Nina vor der ersten Reitstunde das Aufsatteln und Aufzäumen zeigen. Nina versucht es später mit Erfolg bei Thekla. Willig nimmt Thekla das Gebiss ins Maul.

Welches Pferd passt zu mir?

Auch wenn du nur einige Tage auf einem Pferd reitest – in Größe und Temperament solltet ihr zueinander passen. Wer sich sogar ein eigenes Pferd kaufen darf, entscheidet sich am besten für ein ruhiges und gutmütiges Pony. Es sollte nicht zu jung und bereits zum Reitpferd ausgebildet sein. Geeignete Rassen sind zum Beispiel Haflinger, Fjordpferde, Connemaras oder auch Welsh-Cobs.

Was sind Hilfen?

Die Signale, die der Reiter dem Pferd gibt, nennt man Hilfen. So weiß das Pferd, was es tun soll. Dabei unterscheidet man Gewichtshilfen (Gewichtsverlagerung und Druck mit dem Gesäß), Schenkelhilfen (Schenkeldruck) und Zügelhilfen (Annehmen und Nachgeben der Zügel). Meist werden mehrere Hilfen gleichzeitig gegeben.

Der richtige Sitz

Der Reiter sitzt aufrecht im tiefsten Punkt des Sattels, sodass die Schwerpunkte des Pferdes und des Reiters übereinstimmen. Die Oberarme hängen locker herab. Die Unterarme zeigen nach vorn. Die Zügel werden mit aufrecht stehender leichter Faust gehalten. Die Beine liegen am Pferdekörper und sind leicht angewinkelt. Die Absätze zeigen nach unten und der Fußballen sitzt im Steigbügel auf.

Reiten will gelernt sein!

„Los Kinder, aufsitzen!“, ruft Jan. Nina schafft es ohne Hilfe. In den letzten Tagen haben sie und die anderen Kinder aus der Anfängergruppe viel geübt. Beim Einzelreitunterricht an der Longe haben sie sich an die Bewegungen des Pferdes gewöhnt und gelernt, welche Hinweise man dem Pferd geben muss, um anzureiten und anzuhalten. Heute ist die erste Gruppenreitstunde. Nina reitet auf Thekla. Ihr Pony ist ganz ruhig und richtet seine Ohren leicht nach hinten. Nina versucht gerade und locker zu sitzen. Sie weiß, dass sie sich weder an den Zügeln noch mit den Beinen am Pferd fest halten darf. „Anreiten“, ruft Jan. „Zügel etwas nachgeben und Beine leicht gegen die Flanken drücken.“ Thekla läuft tatsächlich los. Am Ende der Stunde dürfen die Kinder sogar traben. Nina wird zwar ziemlich durchgeschüttelt, aber eines steht für sie fest:
Reiten ist das Größte!

Steige beim Aufsitzen von der linken Seite mit Blick zum Schweif auf. Die Zügel hältst du in der linken Hand. Halte die Zügel kurz. Dreh den Bügel zu dir hin und steig mit dem linken Fuß hinein. Halte dich am Sattel fest und schwinge dein rechtes Bein über die Kruppe des Pferdes. Lass dich vorsichtig nieder.

Halte die Zügel beim Absitzen mit der linken Hand fest. Zieh beide Füße aus den Bügeln und beuge dich nach vorn. Schwinge vorsichtig dein rechtes Bein über die Kruppe und gleite am Sattel hinab auf den Boden.

In jeder Faust hältst du einen Zügel. Der Zügel führt zwischen kleinem Finger und Ringfinger an der Innenfläche der Hand entlang und erscheint wieder zwischen Daumen und Zeigefinger.

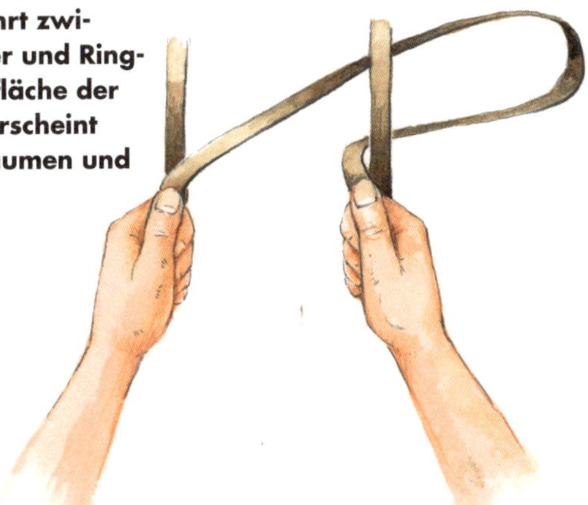

Damit Pferde nicht einseitig belastet werden, macht man ab und zu einen Handwechsel. Das Pferd wechselt also von der linken auf die rechte Hand oder umgekehrt. Reiten auf der linken Hand bedeutet, dass die linke Seite von Reiter und Pferd zur Bahnmitte zeigt – und umgekehrt.

Schritt, Trab und Galopp

Jan und Julia sind auf der Reitbahn. Julia bereitet sich auf das Geschicklichkeitsturnier am Sonntag vor. Mühelos gelingt es Julia von einer Gangart in die andere zu wechseln: Schritt, Trab, Galopp. Außerdem reitet sie in der Reitbahn verschiedene gerade, geschwungene und kreisförmige Strecken – die so genannten Hufschlagfiguren. Jan hat ihr erklärt, dass die verschiedenen Buchstaben an den Banden Orientierungspunkte für die Übungen sind. „So, Julia, jetzt wechselst du im Trab durch die ganze Bahn“, fordert Jan sie auf. Bei dieser Hufschlagfigur reitet Julia zum gegenüberliegenden Ende der kurzen Bahn durch die Länge der Reitbahn. Danach läuft Mischa in die entgegengesetzte Richtung. „Das ist ein Handwechsel“, sagt Jan.

Der Schritt ist die langsamste Gangart. Es ist eine schreitende Bewegung im Viertakt: auf den rechten Vorderfuß folgt der linke Hinterfuß, dann der linke Vorder- und anschließend der rechte Hinterfuß.

Beim Trab bewegt sich das Pferd im Zweitakt, linker Vorder- und rechter Hinterfuß werden gleichzeitig aufgesetzt, dann rechter Vorder- und linker Hinterfuß. Durch Leichttraben entlastet der Reiter sein Pferd, indem er immer einen Trabschritt sitzen bleibt und dann beim nächsten Schritt das Gesäß aus dem Sattel hebt.

Der Galopp ist ein Dreitakt mit Zwischenpause. Beim Linksgalopp berührt zuerst der rechte Hinterfuß, dann gleichzeitig der linke Hinter- und der rechte Vorderfuß und anschließend der linke Vorderfuß den Boden. Darauf folgt eine Schwebephase.

Nur ein gehorsames Pferd reitet durch das Wasser hindurch.

Beim Durchreiten der Wimpel muss das Pferd großes Vertrauen zu seinem Reiter haben, weil es sich vor den Wimpeln fürchtet.

Pferd und Reiter müssen verschiedene Aufgaben möglichst schnell erfüllen. Wichtig sind Geschicklichkeit und ein guter Gleichgewichtssinn.

Das Turnier

„Als nächste Reiterin sehen wir Julia auf Mischa“, ertönt die Lautsprecherstimme. In diesem Moment reitet Julia in den Parcours des Geschicklichkeitsturniers. Die Richter geben das Startzeichen. Julia spornt Mischa an und reitet los. Dem Pony scheinen die Übungen richtig Spaß zu machen. Mischa läuft eine Holzwippe hinauf, balanciert und geht dann auf der anderen Seite wieder hinunter. Nur beim Sprung über eine Hecke zögert er, aber dann springt er doch. „Bravo, Julia!“, rufen Jan und Nina. Am Nachmittag ist Siegerehrung. Julia hat den zweiten Platz gemacht. Stolz nimmt sie den Pokal entgegen und mindestens genauso stolz trägt Mischa das Siegerabzeichen am Stirnband.

Die Sieger eines Turniers werden mit einem Pokal und Preisen belohnt.

Beim Springen wird ein Parcours mit verschiedenen Hindernissen durchritten. Dabei sollte man möglichst kein Hindernis reißen. Sind mehrere Reiter fehlerlos geritten, gewinnt derjenige, der am wenigsten Zeit benötigt hat.

Hier geht es darum die Gegenstände möglichst schnell aufzunehmen und ans Ziel zu bringen. Der Reiter braucht ein gutes Gleichgewichtsgefühl.

In der Dressur muss der Reiter mit seinem Pferd bestimmte Übungen, die Lektionen, ausführen. Beim Pferd wird bewertet, ob es gehorsam ist, beim Reiter sind der korrekte Sitz und der richtige Einsatz der Hilfen wichtig.

Ein Ausritt ist ein schönes Erlebnis. Auch ein Pferd hat viel Spaß daran. An diesen Ausflügen, die meist ein bis zwei Stunden dauern, sollten nur erfahrene Reiter mit zuverlässigen Pferden teilnehmen. Wichtig ist, dass mindestens ein Teilnehmer den Weg kennt.

Der Ausritt

Die Zeit vergeht wie im Flug. Nina ist sehr oft bei Maja. Sie möchte so gern dabei sein, wenn die Stute ihr Fohlen bekommt. Julia reitet heute mit Jan und einigen anderen Kindern aus. Sie genießt es mit Mischa über die Wiesen und durch die Wälder zu reiten. Plötzlich erschrickt Mischa. Julia beugt sich nach vorn. Aber schon hat Jan Mischas Zügel gepackt. Bei ihrer Rast ist der Zwischenfall längst vergessen und Jan zeigt Julia, wie man eine Karte liest.

Es gibt Reitwege und Wege, die für Reiter nicht erlaubt sind. Wenn du auf der Straße reitest, musst du dich an die Straßenverkehrsordnung halten. Reite immer auf der rechten Seite. Schau dich um, bevor du losreitest, gib Handzeichen und verlass dich nie auf dein Gehör, sondern immer auch auf deine Augen.

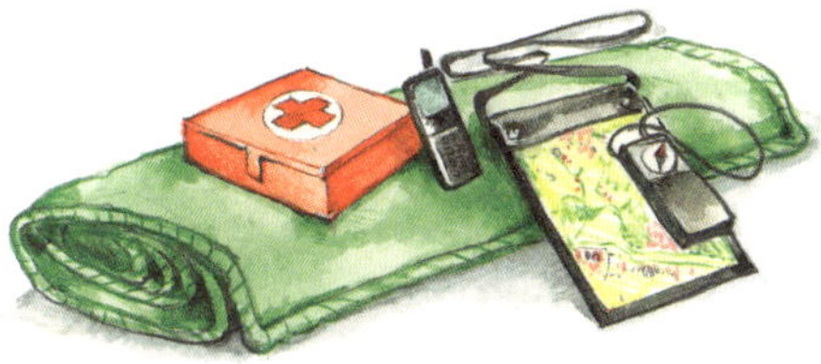

Für den Notfall sollte man eine Erste-Hilfe-Ausrüstung, eine Decke, um einen Verletzten warm zu halten, und wenn möglich ein ausgeschaltetes Handy dabei haben. Der erfahrenste Reiter der Gruppe sollte vorausreiten. Ein Kompass und eine Karte helfen bei der Orientierung.

Pferde gehen nicht gern in enge Transporter. Deshalb muss man ihnen Zeit lassen, sich an den Anhänger zu gewöhnen. Jan führt Thekla gerade über die Rampe hinein.

Um das Pferd während des Transports vor Verletzungen zu schützen, legt man ihm eine Decke, Transportgamaschen, eine Schweifbandage und einen Kopfschutz aus Schaumstoff an.

Wie man Pferde züchtet

Seit zwei Tagen benimmt sich Thekla ganz sonderbar. Sie ist gereizt und launisch. Manchmal hebt sie ihren Schweif an. „Thekla ist rossig“, erklärt Jan. „Sie ist jetzt bereit sich mit einem Hengst zu paaren. Deshalb bringe ich sie zum Deckhengst ins Nachbargestüt. Und wenn wir Glück haben, wird Thekla in etwa elf Monaten ein reinrassiges Welsh-Cob-Fohlen zur Welt bringen.“ Jan macht Thekla für den Transport fertig und lädt sie ein. „Was glaubst du, wie Theklas Fohlen aussehen wird?“, fragt Nina. „Ganz bestimmt wird es auch so hübsche weiße Abzeichen an Stirn und Beinen haben“, sagt Julia.

Bei Wildpferden stammen alle Fohlen einer Herde vom Leithengst ab. Die Fohlen unserer Hauspferde werden dagegen gezüchtet. Beide Elternteile werden nach bestimmten Körper- und Charaktereigenschaften ausgesucht und zusammengebracht. So können sich gute Veranlagungen weitervererben.

Abzeichen

Schnippe

Stern

Blesse

Den dunklen Aalstrich findet man meist auf dem Rücken von grauen oder falben Pferden.

Abzeichen

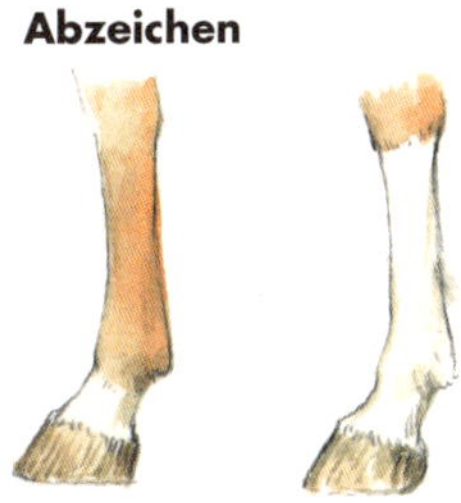

Weiße Fessel

Halb weißer Fuß

Die Farben

Die Fellfarben eines Pferdes werden vererbt. Pferde sind meist weiß, schwarz, braun oder fuchsfarben. Ist zum Beispiel ein Elternteil ein Schimmel und der andere braun, so wird das Fohlen ein Schimmel, weil sich die Fellfarbe weiß durchsetzt. Mehr dazu findest du im „Lies mal weiter!"-Teil.

Auf der Koppel

An einem der nächsten Tage besuchen Nina und Julia die Pferde auf der Koppel. Während Julia das Gatter schließt, läuft Thekla auf Nina zu. Auch die anderen Ponys und Pferde kommen neugierig näher. „Weißt du eigentlich, wie viele Pferderassen es gibt?“, fragt Nina und verfüttert Möhren an die Pferde. „Ich glaube mehr als zweihundert!“, antwortet Julia, „Durch das Paaren unterschiedlicher Pferderassen entstehen immer neue Rassen mit neuen Merkmalen. Ich habe auch gehört, dass die einzelnen Rassen bestimmten Gruppen zugeordnet werden. In Europa sind das Vollblüter, Warmblüter, Kaltblüter und Ponys.“

Diese Pferde siehst du hier ...

Vor sechzig Millionen Jahren lebte das Eohippus in Amerika. Aus diesem fuchsgroßen Wesen mit Pfoten entwickelte sich das Urpferd, von dem alle Pferderassen abstammen.

1 Islandpony Mischa, falb, ein ausdauerndes und genügsames Pony

2 Shetlandpony, 2a Rappschecke, 2b Tiger, freundliches Kinderreitpony

3 Hannoveraner Maja, Schimmel, Warmblutpferd mit guten Nerven

4 Welsh-Cob-Pony Thekla, braun, lebendiges, ausdauerndes Familienpony

5 Arabisches Vollblut, Rappe, edles Pferd, feurig und gleichzeitig sehr sanftmütig

6 Lusitano Atlanta, Fuchs, Reitpferd mit ausgezeichnetem Sprungvermögen

7 Shirehorse, schwarzbraun, schweres Kaltblut, das große Lasten ziehen kann

Fohlen und Stute bleiben nur kurze Zeit nach der Geburt liegen. Wenn die Stute aufsteht, reißt meist die Nabelschnur. Die Stute leckt nun ihr Fohlen trocken. Einige Stunden nach der Geburt schaut manchmal der Tierarzt vorbei um das Fohlen zu untersuchen.

Ein neues Fohlen

Beim Frühstück am nächsten Morgen werden Nina und Julia von Jan gerufen. „Kommt rüber in den Stall. Maja hat gestern Abend ihr Fohlen bekommen.“ Nina und Julia lassen alles stehen und liegen und rennen hinaus. Mitten in Majas Box steht das neugeborene Fohlen. Der Tierarzt hört gerade sein Herz ab. Zum Glück ist alles in Ordnung. Als der Tierarzt das Fohlen loslässt, stakst es zu seiner Mutter. „Ist es nun ein Stut- oder ein Hengstfohlen“, will Julia wissen. „Es ist ein Hengst“, sagt Jan, „und so wie der trinkt wird er einmal ein ganz besonderer Kerl.“ Nina denkt daran, dass heute ihre Ferien zu Ende sind. „Schade, dass ich nicht miterleben kann, wie er heranwächst“, sagt sie. „Du kannst ja in den nächsten Ferien wiederkommen“, tröstet sie Jan. „Bis dahin wissen wir, ob Thekla auch bald ein Fohlen bekommen wird.“

Wenn eine Stute befruchtet wurde, ist sie trächtig. Etwa elf Monate vergehen nun, bis ihr Fohlen geboren wird. Vor der Geburt wird die Stute unruhig. An ihren Euterzitzen sieht man gelbliche Tropfen, das „Harz“. Vom Fohlen erscheinen bei der Geburt zuerst die Vorderbeine und dann der Kopf. Sobald die weißliche Eihaut reißt, beginnt das Fohlen zu atmen.

Etwa eine halbe Stunde nach der Geburt beginnt das Fohlen zu saugen. Die erste Milch, die Biestmilch, ist für das Fohlen lebenswichtig. Sie enthält Abwehrstoffe gegen Krankheiten. Schimmelfohlen sind bei ihrer Geburt oft dunkel. Erst im Laufe der Zeit bekommen sie das weiße Fell.

Lies mal weiter!

Den Körperbau eines Pferds nennt man Gebäude. Je harmonischer Muskeln, Knochenbau und die Anordnung der einzelnen Körperteile zueinander passen, desto schöner ist ein Pferd. Und so heißen die einzelnen Körperteile:

Die Fellfarben eines Pferdes

Schimmel: So werden alle Pferde mit mehr oder weniger weißem Fell bezeichnet. Sie werden als Füchse, Braune oder Rappen geboren und werden mit zunehmendem Alter immer heller. Dafür gibt es unterschiedliche Bezeichnungen:

Fuchsschimmel, Fliegenschimmel, Dunkelschimmel, Apfelschimmel (abgebildet), Rotschimmel

Rappe: völlig schwarzes Fell, manchmal mit weißen Abzeichen

Fuchs: rotes Deckhaar von hell bis tiefdunkel

Braun: braune Deckhaare, Beine und Schutzhaare oft schwarz. Entsprechend ihrer Tönung werden die Pferde in Hellbrauner, Brauner, Dunkelbrauner und Schwarzbrauner unterschieden.

Isabelle: hell- bis dunkelgelbes Deckhaar, oft auch grau oder cremefarben, Schweif und Mähne hell oder wie das Fell. Beim Palomino sind Schweif- und Mähnenhaare weiß.

Falbe: gelbes bis graues Deckhaar, Schweif- und Mähnenhaare, Hufe und Beine schwarz

Schecke: mit großen zusammenhängenden Farbflecken bedeckt. Je nach Farben werden sie Fuchsschecken, Rappschecken usw. genannt.

Tiger: verschieden große, meist runde oder längliche Flecken über den ganzen Körper verteilt oder nur über Körperteile verstreut. Die Tigerung wird nach der Farbe der Flecken benannt: Fuchstiger

Was will ein Pferd dir sagen?

„Lass mir meine Ruhe! Ich bin gerade so entspannt!“ Das Pferd steht mit gesenktem Kopf und vorgestrecktem Hals da. Seine Ohren hängen locker zur Seite, die Augen sind halb geschlossen. Es döst. In dieser Ruheposition stellt das Pferd ein Hinterbein auf die Zehenspitze.

„Ich bin ganz Ohr!“
Ein aufmerksames Pferd hält seinen Kopf hoch erhoben. Die Augen sind weit offen und die Ohren gespitzt.

„Hallo!“
Pferde beschnuppern sich zur Begrüßung. Wenn sie sich gut riechen können, gehen sie freundschaftlich miteinander um.

„Mir ist so langweilig!“
Die Ohren sind das Stimmungsbarometer eines Pferdes: Gespitzte Ohren zeigen Aufmerksamkeit. Seitlich gestellte Ohren verraten Langeweile.

„Ich bin aufgeregt und nervös!“
Ein nervöses Pferd trägt seinen Kopf noch höher als ein aufmerksames Pferd. Sein Schweif wird aufgeworfen und oft kommt ein aufgeregtes Schnauben hinzu.

Legt ein Pferd seine Ohren flach nach hinten, so bedeutet das immer eine Drohung. „Komm mir bloß nicht zu nahe, sonst beiß ich dich!“

„Mit mir ist nicht gut Kirschen essen!“
Wenn ein Pferd schlechte Laune hat, dann presst es sein Maul zusammen, sodass kleine Fältchen über den Nüstern zu sehen sind.

„Da riecht aber etwas besonders interessant!“
Das Pferd flehmt. Dann saugt es mit seinen Nüstern intensiv einen Geruch ein. Dabei ist seine Oberlippe hochgestülpt. Ein Hengst flehmt zum Beispiel, wenn er eine rossige Stute riecht.

Wusstest du, dass ...

... Pferde Herdentiere sind? Wer ein Pferd halten möchte, sollte ihm auch ein artgerechtes Zuhause bieten können. Pferde sind Steppentiere, die sehr viel Platz und Auslauf benötigen. Das Leben innerhalb einer Pferdeherde ist einer Rangordnung unterworfen. Eine Herde setzt sich aus einem Leithengst, Stuten und Jungtieren zusammen. Ausgewachsene Hengste sind für den Leithengst Konkurrenten. Deshalb bilden sie oft Junggesellengruppen.

... ein Pferd bei guter Pflege etwa vierzig Jahre alt werden kann?

... es außer Schritt, Trab und Galopp noch zwei andere Gangarten bei Pferden gibt?

Der Tölt ist eine Viertaktbewegung wie der Schritt. Er ist nur viel schneller. Wildpferde tölten meist auf rutschigem Untergrund.

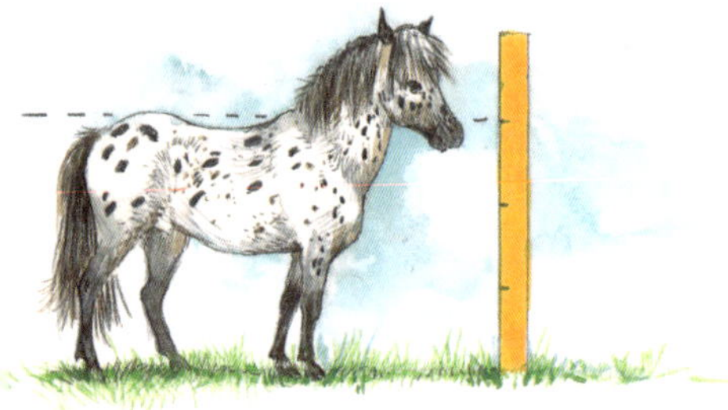

... die kleinsten Pferd der Welt die Falabella-Ponys aus Argentinien sind? Diese Miniponys werden nicht höher als 72 cm Stockmaß (Höhe: Boden-Widerrist). Sie sind so klein, dass man nicht einmal auf ihnen reiten kann.

... bei Voll-, Warm- oder Kaltblütern nicht die Menge oder Temperatur des Blutes gemeint ist, sondern ihr Temperament? So sind „hoch im Blut stehende" Pferde besonders temperamentvoll.

... ein Pferd etwa so viel Schlaf braucht wie ein erwachsener Mensch? Mit etwa acht Stunden Schlaf hat es prima ausgeschlafen!

Der Pass ist eine Zweitakt-Gangart wie der Trab. Dabei setzen Vorderbein und Hinterbein einer Seite gleichzeitig auf. Das führt zu einer sanften Schaukelbewegung. Am angenehmsten zu sitzen ist der Rennpass. Passrennen werden vor allem in Island veranstaltet.

Wie sollte ein Pferdestall aussehen?

Am wohlsten fühlen sich Pferde, wenn sie im Freiland mit anderen Pferden gehalten werden. Wichtig ist ein eingezäuntes Weideland mit Wasserversorgung und einem Unterstand, wo die Pferde Schutz finden können. Ein Stall sollte hell, trocken, sauber, luftig, aber nicht zugig sein. Eine Einzelbox sollte so groß sein, dass sich das Pferd um sich selbst drehen kann und auch ein paar Schritte hin und her gehen kann. Das Pferd sollte die Möglichkeit haben, seinen Nachbarn wittern zu können.

In Laufställen werden mehrere Tiere zusammen gehalten. Die Pferde können sich frei bewegen. Bei Außenboxen kann man den oberen Teil der Tür öffnen.

Pferdequiz

1. Welche Gangart ist die schnellste?
a) Galopp
b) Schritt
c) Trab

2. Wie viel Zeit braucht man täglich zum Füttern, Putzen und Ausmisten?
a) ein halbe Stunde
b) eine Stunde
c) zwei Stunden

3. Was ist eine Longe?
a) ein Damensattel
b) eine lange Leine, an der man ein Pferd führt
c) anderes Wort für den Steigbügel

4. Was sind Hilfen?
a) Signale, die der Reiter dem Pferd gibt
b) Behälter mit Verbandsmaterial
c) Sattel und Zaumzeug

5. Wie lange trägt eine Stute ihr Fohlen aus?
a) 7 Monate
b) 11 Monate
c) 14 Monate

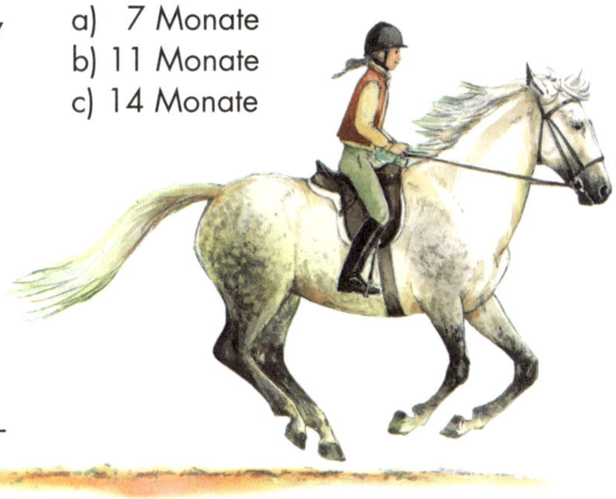

6. Wie viele Pferderassen gibt es?
a) mehr als 200
b) mehr als 300
c) mehr als 500

Lösungen: 1a; 2b; 3b; 4a; 5b; 6a

Unsere
Haustiere

Fips

Ein kleiner Hund mit Namen Fips
erhielt vom Onkel einen Schlips
aus gelb und roter Seide.

Die Tante aber hat, o denkt,
ihm noch ein Glöcklein drangehängt
zur Aug- und Ohrenweide.

Hei, ward der kleine Hund da stolz.
Das merkt sogar der Kaufmann Scholz
im Hause gegenüber.

Den grüßte Fips sonst mit dem Schwanz;
jetzt ging er voller Hoffart ganz
an seiner Tür vorüber.

Christian Morgenstern

Inhalt

Wer hat welches Haustier?

Aufregung in Klasse 3c! Ein Vogel hat sich ins Klassenzimmer verirrt und versucht aufgeregt zu entkommen. Frau Koch bittet die Kinder ruhig zu sein. Langsam nähert sie sich dem Vögelchen mit einem Tuch. Es sitzt ganz verängstigt in einer Ecke. Frau Koch redet beruhigend auf es ein. Als sie nah genug ist, wirft sie das Tuch über den Vogel und nimmt ihn vorsichtig hoch.
Alle wollen den Piepmatz sehen. Es ist ein Rotkehlchen, das sich vor Angst aufgeplustert hat.
„Ist der süß“, sagt Clara. „Können wir ihn nicht behalten?“
„Ein wild lebendes Tier würde in Gefangenschaft bald sterben“, meint Frau Koch. „Ich lasse den Vogel jetzt frei – und danach erzählt ihr mir von euren Haustieren.“

Warum brauchen Katzen einen Kratzbaum?

Von Zeit zu Zeit nützen sich die Krallen ab. Beim Wetzen der Krallen an einem geeigneten Gegenstand löst sich die oberste Krallen-schicht.

Katzen sind Schleichjäger.

Sie warten stundenlang geduldig auf ihre Beute und schlagen dann blitzschnell zu. Sie spielen noch eine Weile mit ihrer Beute und töten sie erst, wenn sie hungrig sind.

Clara und die Katzen

Das Rotkehlchen ist wieder in Freiheit.
Clara kann es gar nicht erwarten, von ihrer Katze zu erzählen: „Mimi lebt schon seit über einem Jahr bei uns. Als sie zu uns kam, war sie gerade zehn Wochen alt.
Zuerst war sie ganz ängstlich. Sie traute sich kaum aus ihrem Katzenkorb. Da haben wir sie in Ruhe gelassen. Katzen bestimmen selbst, was sie machen wollen. Wenn sie spielen oder schmusen wollen, zeigen sie dir das. Katzen kann man nicht wie einen Hund erziehen. Am tollsten fand ich, als Mimi ihre erste Maus fing. Die brachte sie sogar mit in die Wohnung!“

In einem höhlenartigen Korb mit einer Decke oder einem Kissen fühlen sich Katzen am wohlsten. Er sollte an einem ruhigen, warmen, nicht zu hellen Platz stehen.

Die Katzentoilette sollte an einem ruhigen Ort stehen und regelmäßig gesäubert werden.

Eine Katze, die auch ins Freie kann, ist viel zufriedener als ein Tier, das in der Wohnung bleiben muss.

In der ersten Zeit brauchen Kätzchen viel Zeit und Ruhe, um ihre Umgebung kennen zu lernen.

Kleine Katzen brauchen Spielzeug um sich austoben zu können.

Deine Katze ist von dir abhängig. Das bedeutet, dass du für ihre grundlegenden Bedürfnisse sorgen musst. Eine Katze kann zwar für ein paar Stunden allein sein, danach möchte sie aber gern ausgiebig mit dir spielen.

Mit gleichmäßigem Schnurren zeigt die Katze, dass ihr das Streicheln gefällt. Katzen mögen es, an der Kehle gekrault zu werden.

Wenn die Katze vor dir zu spielen beginnt, heißt das: „Komm, spiel mit mir!“

Wenn der Schwanz steil aufgerichtet und das Fell gesträubt ist, heißt das: „Bleib bloß weg. Ich hab nämlich Angst!“
Macht die Katze einen Buckel mit esträubtem Fell, möchte sie zeigen, wie groß und wichtig sie ist.

Kleines Katzen-ABC

Wer seine Katze beobachtet, wird bald feststellen, dass sie ständig Signale gibt. Auf diese Weise zeigt sie dir, was ihr gefällt und was nicht.

Katzen mögen es nicht, wenn man sie im Schlaf aufschreckt. Eine Katze meldet sich, wenn sie wieder wach ist und spielen oder gestreichelt werden möchte.

Katzen können 16 bis 18 Jahre alt werden, in Ausnahmefällen sogar 25 Jahre!

Regelmäßig muss Futter in der richtigen Menge und Zusammensetzung bereitstehen. Dazu gehört auch frisches Wasser in einem sauberen Gefäß.

Die Katze streicht zur Begrüßung um deine Beine: „Komm, lass uns schmusen!" oder „Ich hab Hunger!"

Katzen wollen saubere Klos! Du musst nicht jedes Mal die gesamte Streu auswechseln. Es reicht, die verschmutzten Stellen mit einer Schaufel zu entfernen.

Das Katzenfell immer mit dem Fellstrich bürsten. Langhaarkatzen sollten täglich gebürstet werden, Kurzhaarkatzen pflegen ihr Fell selber.

Die Katze streckt sich aus und zeigt dir ihre Bauchseite: „Mir geht es gut, und ich mag es, wenn du mich streichelst."

Jacko passt auf Haus und Hof auf, zieht den Leiterwagen mit Ninos kleiner Schwester und liebt Kinder. Weil er ein richtiger Wachhund ist, lebt er in einem Zwinger. Nino geht jeden Morgen und Abend mit Jacko spazieren. Zur Begrüßung wirft Jacko Nino fast um!

Larissa wohnt mit ihrem Cockerspaniel Duffy am Stadtrand. Duffy liebt weite Spaziergänge mit Stöckchenwerfen.
Sie ist eine gute Wachhündin und schmust gern.

Treue Freunde

Japsie, Bennis Yorkshire-Mischlingshund, macht es nichts aus, mitten in der Stadt zu wohnen. Er braucht nicht viel Auslauf und genießt es, wenn er mit Benni in der Wohnung spielen und schmusen kann.

Kaum hat Clara fertig erzählt, meldet sich Nino. „Ich habe wohl das größte Haustier von euch, nämlich einen Berner Sennenhund! Jako braucht ganz viel Auslauf.“
„Wir haben auch einen Hund!“, ruft Larissa, „einen Cockerspaniel. Der ist mittelgroß.“

„Mein Hund ist ziemlich klein“, sagt Benni.
„Ich kann ihn sogar in meinem Fahrradkorb mitnehmen!“

Am nächsten Tag bringen die drei Kinder Fotos von ihren Hunden mit.
„Unser Hund war am Anfang in einer Hundeschule“, erzählt Nino. „Da hat er gelernt, aufs Wort zu gehorchen! Wenn ich ihn rufe, kommt er sofort.“

Der Hund wedelt mit dem Schwanz: „Ich freue mich!"

Das Fell ist gesträubt, der Schwanz nach hinten ausgestreckt, die Ohren sind angelegt: „Komm nicht näher – sonst beiße ich!"

Geducktes Laufen mit eingezogenem Schwanz: „Ich hab Angst!" oder „Mir tut was weh!"

Der Hund liegt mit den Vorderpfoten auf dem Boden: „Komm, ich möchte mit dir spielen!"

Eine aufmerksame Haltung mit erhobener Vorderpfote bedeutet: „Da vorn ist was, das möchte ich jagen!"

Kleines Hunde-ABC

Mit etwa zwölf Wochen gewöhnt sich ein Welpe am besten in eine Familie ein. Dann lernt er am schnellsten stubenrein zu werden und zu gehorchen. Nur ein gut erzogener Hund macht auf Dauer keinen Ärger. Bei der Erziehung muss man immer geduldig sein und klare Befehle geben. Wer seinen Hund schlägt oder dauernd mit ihm schimpft, macht ihn ängstlich und bissig!

Ein Hund muss wissen, wo er hingehört. Im Haus sollte sein Schlafplatz mit Matratze an einem ruhigen, nicht zu hellen Ort sein. Eine Hundehütte muss geschützt stehen und leicht zu reinigen sein.

Kleine bis mittelgroße Hunde können je nach Rasse 13 bis 18 Jahre alt werden.
Größere Rassen werden oft nur 10 bis 12 Jahre alt.

Ein gesunder Hund braucht eine ausgewogene Ernährung. Es gibt Fertigfutter, in dem schon alles enthalten ist. Wer für seinen Hund kocht, muss darauf achten, dass das Futter aus zwei Drittel Eiweiß (Fleisch) und einem Drittel Kohlenhydrate (Haferflocken, Reis) besteht.
Beim Abnagen von Knochen werden die Zähne gereinigt.

Das sollte jeder Hund können:

- **Er muss seinen Namen kennen.**
- **Er muss auf den Befehl „Komm" reagieren.**
- **Er muss auf die Befehle „Sitz" und „Halt" hören.**
- **Er muss an der Leine gehen.**
- **Er muss auf „Pfui" und „Aus" gehorchen.**
- **Er muss stubenrein sein.**

Dein Hund braucht genügend Spielzeug, zum Beispiel: einen Büffelhautknochen, um sein Gebiss in Ordnung zu halten, ein Quietschtier für seinen Schlafplatz, einen Ball zum Spielen.

Ein Hund sollte nur gebadet werden, wenn er sehr schmutzig ist. Besser ist es, wenn du sein Fell regelmäßig bürstest. Für die Fellpflege gibt es Bürsten und Kämme.

Das Kaninchen Leopold hat Schnupfen. Katrin bekommt vom Tierarzt ein paar Tropfen, die sie ihrem Kaninchen mit einer Pipette geben muss.

Beim Tierarzt

Am Nachmittag kommt Larissa ganz aufgeregt nach Hause. Duffy hat sich einen Stachel in die Pfote getreten und blutet. Zusammen mit ihrem Vater bringt Larissa Duffy zum Tierarzt. Im Wartezimmer sitzt auch Larissas Freundin Katrin mit ihrem Kaninchen Leopold. Es hat Schnupfen.

Duffy zittert und legt sich flach auf den Boden. Sie hat Angst. Larissa streichelt sie. Endlich sind sie an der Reihe. Der Tierarzt zieht den Stachel mit einer Pinzette heraus. Danach bekommt die Hündin einen festen Verband und eine Belohnung.

Wie erkennt man, ob ein Tier krank ist?

- **Das Tier ist in seinem Verhalten ganz anders als sonst.**
- **Es hat keinen Appetit.**
- **Es mag nicht spielen.**
- **Es hat Blut im Urin oder Kot.**
- **Augen und Nase tränen.**
- **Es kratzt sich dauernd an bestimmten Stellen.**
- **Es hat Schmerzen und schreit, wenn man es berührt.**
- **Seine Augen sind trübe.**

Duffys Verband wird mit Klebeband fest umwickelt, damit sie ihn nicht wegbeißt.

Um Leopold seine Tropfen geben zu können, muss ihn Katrin fest am Nackenfell packen. Dadurch öffnet sich sein Mundwinkel ein wenig. In diesen Spalt drückt Katrin den Inhalt der Pipette.

Was tun bei Zecken?

Zecken bohren sich in die Haut und saugen Blut. Sie können auf Mensch und Tier Krankheiten übertragen. Es gibt Medikamente, die man auf das Fell von Tieren aufträgt. Sie verhindern Zecken- und Flohbefall. Wenn sich dennoch eine Zecke im Fell deines Tieres findet, ziehst du sie am besten mit einer Zeckenzange heraus ohne sie zu drehen.

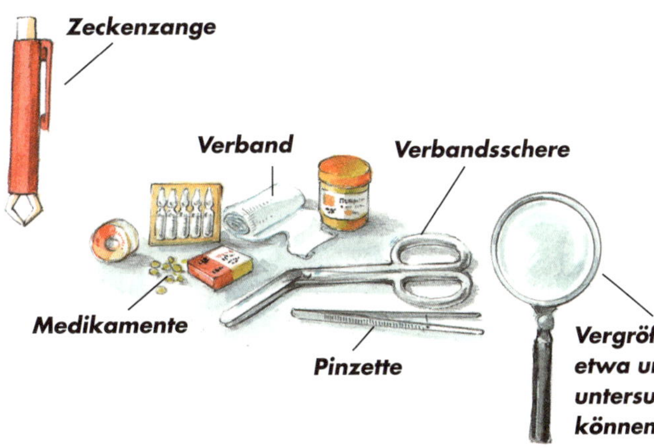

Eine Nippeltränke hat den Vorteil, dass das Kaninchen das Wasser im Käfig nicht umwerfen oder verschmutzen kann.

Weil seine Vorderzähne ständig nachwachsen, will ein Kaninchen immer nagen. Dabei wetzt es seine Zähne ab. Diesen Nagetrieb kann man befriedigen, indem man dem Tier unterschiedliche Dinge, zum Beispiel frische Äste, zum Nagen gibt.

Katrin und ihr Zwergkaninchen

Leopolds Schnupfen ist nach ein paar Tagen weg. Katrin ist froh, dass ihr Zwergkaninchen wieder gesund ist. Genüsslich mümmelt es vor sich hin.

Kaninchen können sich nur über Körpersprache mitteilen. Deshalb beobachtet Katrin es immer ganz genau. Will Leopold gestreichelt werden, stupst er sie mit der Nase. Wenn er seine Ruhe haben will, legt er die Ohren an und hört mit dem Mümmeln auf.

Der Kaninchenstall muss wasserdicht sein. Wichtig ist, dass er immer sauber ist und Platz für eine kleine Höhle und eine Futterkrippe hat.

Auch draußen braucht das Kaninchen einen Auslauf.

Oft werden Zwergkaninchen verkauft, die sich später als große Kaninchen entpuppen. Als Regel gilt: Je kürzer die Ohren im Vergleich zum Kopf, desto kleiner bleibt das Tier, wenn es erwachsen ist! Zwergkaninchen können 4 bis 6 Jahre alt werden.

Pressfutter aus der Tierhandlung, aber auch Körner, Wiesenkräuter, Salat, Möhren, Äpfel und trockenes Brot sollten jeden Tag frisch gefüttert werden!

Hebe dein Kaninchen niemals an den Ohren hoch, sondern immer am Nackenfell!

Wenn du dein Kaninchen jeden Tag bürstest und dabei mit ihm sprichst, wird es schnell zahm.

Nippeltränke
Knabber-
stange
Schlaf- und
Vorratshäuschen
Laufrad
Röhre
zum
Klettern
Zwerghamster

Goldhamster und Zwerghamster

Kai und Julia haben den gleichen Schulweg. Sie unterhalten sich über Hamster. Kai hat einen Goldhamster, der den ganzen Tag schläft und erst abends aus seiner Höhle kommt. Julia hat zwei Zwerghamster.

„Mein Goldhamster ist ganz zahm“, erzählt Kai stolz. „Er kommt zu mir, wenn ich ihn rufe und dann trage ich ihn in meiner Tasche herum.“ Julia staunt. Ihre beiden Hamster sind eher scheu, dafür kommen sie schon nachmittags aus ihrem Bau, um zu spielen. „Warum hast du eigentlich nur einen Hamster?“, fragt sie Kai.

„Goldhamster sind Einzelgänger“, sagt Kai. „Sie mögen keinen anderen Hamster in ihrer Nähe!“

Bei guter Ernährung und artgerechter Haltung können Hamster bis zu 3 Jahre alt werden!

Der Hamsterkäfig muss immer sauber und dick mit Streu bedeckt sein. Sein Schlafhäuschen polstert der Hamster selbst aus. Hamster sind sehr reinliche Tiere. Sie richten in ihrem Käfig eine eigene Klo-Ecke ein und putzen sich oft und gründlich.

Hamster spielen und klettern gern, aber erst wenn sie ausgeschlafen haben! Deshalb nie den Hamster wecken, sondern warten, bis er aufwacht!

Ein Goldhamster braucht täglich etwa 2 Teelöffel Körnermischfutter und reichlich Obst, Gemüse oder Grünfutter. Etwa die Hälfte reicht für Zwerghamster.

Hamster haben geräumige Backentaschen, in denen sie ihre Nahrung transportieren. Sie sind so groß, dass sich im gefüllten Zustand der Kopfumfang des Hamsters verdoppelt. Zum Entleeren streicht der Hamster mit seinen Vorderpfötchen an den Wangen entlang.

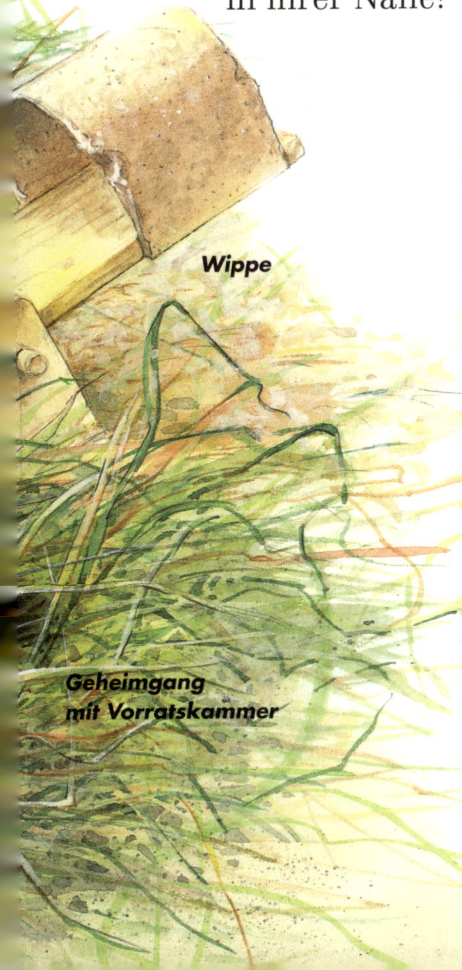

Leiter
Tontöpfe
zum
Verstecke
Irrgarten
Schlafhäuschen

Meerschweinchen und Mäuse

Ratten und Mäuse

**Ratten sind intelligente Tiere, die gern spielen.
Auch Rennmäuse und andere zahme Mäuse sind gute Spielkameraden. Tanzmäuse laufen nur im Kreis herum.**

Nach der Schule geht Larissa mit zu Meike. Eines ihrer Meerschweinchen hat Junge bekommen. „Stell dir nur vor“, kichert Meike, „eines Morgens lagen sechs kleine Meerschweinchen im Käfig. Und wir dachten, wir hätten zwei Männchen!“ Meike und Larissa bauen für die acht Meerschweinchen einen Spielepark auf. Da kommt Meikes Schwester Lena mit ihrer Ratte Ottokar ins Zimmer. Larissa staunt, wie zahm die Ratte ist. Sobald Lena ruft, pfeift die Ratte und klettert auf ihre Schulter. So geht Lena mit ihr sogar im Park spazieren.

In den Meerschweinchen-Käfig gehören ein Schlafhäuschen, ein Fressnapf und ein Kletterast.

Meerschweinchen können 4 bis 8 Jahre alt werden. Ratten werden meist nur 2 Jahre alt.

Damit sich die Zähne der Meerschweinchen gleichmäßig abnutzen, gibt man ihnen am besten morgens hartes Futter, wie Körner, Pressfutter, Heu oder hartes Brot, und erst nachmittags Grünfutter, Obst und Gemüse. In einer Nippeltränke sollte immer frisches Wasser bereitstehen.

Beim Hochnehmen fasst du mit einer Hand unter den Bauch des Meerschweinchens. Mit der anderen schützt du es vor dem Hinunterfallen.

Den unteren Teil des Käfigs sollte man zum Säubern herausziehen können, ohne dass der Vogel den Käfig verlassen muss.

Nur ganz junge Wellensittiche werden zahm. Junge Vögel haben große dunkle Augen und eine hellblaue bis rosa Nasenhaut. Ältere haben einen weißen Ring um die Augen und die Nasenhaut ist deutlich blau (Männchen) oder honigbraun (Weibchen).

Frau Koch und ihr Wellensittich

Heute hat Frau Koch eine geheimnisvolle Kiste mit Löchern in den Unterricht gebracht. Vorsichtig hebt sie den Deckel ab und holt einen Käfig mit einem Wellensittich heraus. „Das ist Piping“, sagt sie. „Er ist sehr zahm und kann sogar etwas sprechen.“
„Wellensittiche sind nur was für Omas, sagt mein Papa“, flüstert Nino Larissa zu.
Ob Frau Koch was gehört hat? Sie sagt: „Ältere Menschen haben oft mehr Zeit und Geduld, um mit den Vögeln zu sprechen und zu spielen, deshalb werden sie bei ihnen zahmer. Aber wie ihr seht, schaffen das auch jüngere Leute.“ Larissa kichert und Nino schaut plötzlich sehr angestrengt auf den Boden.

Dein Vogel braucht einen großen Käfig mit Sandboden, Futternapf und Wasserspender, eine Schaukel, einen Spiegel, Spielzeug und einen Zweig zum Knabbern.

Wellensittiche baden am liebsten in flachen Wasserschalen.

Wellensittiche werden etwa 5 Jahre alt.

Wellensittiche gehören zu den Papageien und leben in Australien in dichten Schwärmen zusammen. Deshalb sollte man sie nie einzeln halten. Dieser Vogel wird nur zahm, wenn du dich täglich mindestens eine Stunde mit ihm beschäftigst. Willst du nicht so viel Zeit mit ihm verbringen, solltest du dir zwei Wellensittiche zulegen. Sie werden zwar nicht handzahm, sie sind aber glücklich und lustig zu beobachten.

Füttere deinen Vogel mit einer Körnermischung aus dem Fachhandel. Außerdem braucht er Grünfutter, wie Löwenzahn, Salat, Möhren und Äpfel. Achte darauf, dass er immer genügend frisches Wasser hat.

So kannst du einen zahmen Vogel kraulen.

Fische brauchen Verstecke. Ein Wurzelholzstück, eine große Meeresmuschel, Steinhöhlen oder eine aufgeschnittene Kokosnuss bieten neben vielen Pflanzen genügend Unterschlupf.

Black Mollys sind lebhafte Fische und leben gern in kleinen Gruppen.

Neonfische sind Schwarmfische, die besonders gut vor dunklem Hintergrund zur Geltung kommen.

Platys sammeln Algen von den Pflanzen ab.

Metallpanzerwelse säubern Glas und Beckenboden.

Benno und sein Aquarium

Benno träumt gern vor seinem neuen Aquarium. Es ist, als ob er in eine andere Welt schauen würde. In seinem Warmwasser-Aquarium schwimmen hauptsächlich lebend gebärende Zahnkarpfen: sechs Guppys, drei Schwertträger, vier Black Mollys und drei Platys. Außerdem hat er einen kleinen Schwarm Neonfische und drei Metallpanzerwelse, die die Scheiben von Algen säubern. Benno hat sich lange überlegt, welche Fische er haben wollte. Die Fische müssen miteinander auskommen, dieselbe Wassertemperatur mögen und sollten genügend Raum zum Leben haben.

Einrichten eines Aquariums

Als Erstes werden gewaschener Kies und Sand in das leere Aquarium gefüllt. Dann werden einige Wasserpflanzen eingesetzt.
Bevor das Ganze mit Wasser aufgefüllt wird, kommen an den Glasrand des Aquariums Temperaturregler und Wasserfilter.
Sie sorgen dafür, dass das Wasser immer die gleiche Temperatur hat und sauerstoffreich bleibt.
Im Deckel des Aquariums ist eine Lampe, die an eine Zeitschaltuhr angeschlossen ist.

Ein Aquarium darf nicht auf der Fensterbank stehen. Dort ist es im Sommer zu hell und zu heiß.

Schwertträger gibt es in verschiedenen Farben. Ihren Namen haben sie von dem schwertähnlichen Schwanz der Männchen.

Guppys müssen sich nach der Geburt in schwimmenden Pflanzen an der Oberfläche verstecken können. Sonst fressen die Eltern ihre Kinder!

Fische einsetzen

Fische vertragen keine plötzlichen Temperaturänderungen. Deshalb darf man sie nach dem Kauf nicht gleich ins Aquarium setzen. Wenn man den Transportbeutel erst auf das Wasser legt, gewöhnen sich die Fische langsam an die Aquariumtemperatur.

Pflege

Einmal pro Woche sollte ein Drittel des Aquariumwassers ausgetauscht werden.

Lies mal weiter!

Was du überlegen solltest, bevor du dir ein Haustier anschaffst:

Wer versorgt das Tier?

Bist du wirklich bereit, für mehrere Jahre die Verantwortung für ein Tier zu übernehmen? Unter Umständen kann die Pflege eines Tieres sehr aufwendig sein. Wer füttert es? Wer pflegt sein Fell? Wer sorgt dafür, dass es ihm nicht langweilig wird?

Habt ihr genügend Platz für das Tier?

Ein Bernhardiner in einer Etagenwohnung ist genauso fehl am Platz wie zehn Wellensittiche in einer Dreizimmerwohnung.

Welches Tier passt zu unserer Familie?

Es hat keinen Sinn ein Haustier anzuschaffen, vor dem sich ein Familienmitglied ekelt oder gar fürchtet.

Bist du sicher, dass niemand in deiner Familie gegen Tierhaare allergisch ist?

Erlaubt euer Vermieter, dass ihr ein Haustier haltet?

Wer geht mit dem Tier zum Tierarzt, wenn es krank wird oder geimpft werden muss?

Ein Haustier braucht Zeit und Zuwendung. Bist du bereit, ihm die zu geben?

Die „Sprachen“ der Tiere

	Körpersignal	Bedeutung	
Katzen	Hebt eine Pfote an	„Vorsicht, gleich kratz ich dich!“	
	Anschmiegen	„Komm, streichle mich. Ich mag dich!“	
	Schüttelt ihre Pfote aus	„Irgendwie fühle ich mich nicht wohl!“	
	Schwanzende wackelt langsam hin und her	„Da vorn ist was, das interessiert mich!“	
	Der Körper wirkt ganz angespannt	„Komm nicht näher!“	
	Ohren aufgerichtet	„Bin mal gespannt, was jetzt passiert!“	
	Ohren bewegen sich hin und her	„Ich bin mir nicht sicher!“	
	Ohren seitlich weggedreht	„Irgendwas stimmt hier nicht!“	
	Ohren zurückgelegt	„Ich habe Angst!“	
Hunde	Setzt überall Urin ab	Markiert sein Revier	
	Wendet Kopf und Körper von dir ab	„Du interessierst mich nicht!“	
	Hebt seine Lefzen an	„Gleich beiß ich dich!“	
	Stupst dich mit der Schnauze an	„Komm, wir spielen!“	
	Hechelt	„Mir ist heiß!“	
	Dreht sich langsam im Kreis	„Ich will endlich meine Ruhe!“	
	Muskelzittern	„Mir ist kalt“ – „Ich habe Angst!“	
	Rührt mit der Pfote im Futternapf	„Ich habe Hunger“	
	Schwanz zwischen die Hinterläufe geklemmt	Zeichen von Angst, Trauer oder Schmerz	
Kaninchen	Kontaktschnuppern	Vorsichtiges Begrüßen	
	Macht ganz schnell viele Kotbällchen	Das Tier fühlt sich sehr gestresst	
	Trommelt mit den Hinterläufen	„Geh weg, sonst passiert was!“	
	Wälzt sich	„Ich fühl mich richtig wohl!“	
	Der Körper ist entspannt, die Ohren angelegt	„Ich möchte jetzt meine Ruhe!“	
Hamster	Richtet sich auf und bläst die Backen auf	„Pass bloß auf!“	
	Legt sich auf den Rücken mit gespreizten Beinen und klappert mit den Zähnen	Angst und Stress	
	Richtet den Schwanz auf	„Ich habe Lust, was zu spielen!“	
Meer-schweinchen	Quiekt, wenn es dich sieht	„Toll, dich zu sehen!“	
	Spritzt Harn ab	„Vorsicht! Mit mir ist nicht zu spaßen!“	
	Stupst dich mit dem Kopf	„Ich will gestreichelt werden!“	
	Berühren sich gegenseitig beim Laufen	„Wir gehören zusammen!“	
Vögel	Schnäbeln	Kuss der Vögel	
	Putzen sich gegenseitig	„Wir mögen uns!“	
	Steckt den Kopf in das Gefieder	„Ich fühl mich wohl“	
	Aufplustern	„Mir ist kalt!“ – „Ich fühl mich krank!“	
	Spreizt die Flügel ab	„Mir ist heiß!“ – „Pass bloß auf!“	
	Schüttelt den Kopf	„Pfui Teufel!“	
Fische	Kopfstand	„Schau, wie toll ich bin!“	
	Wird plötzlich blass	Angst, plötzliches Erschrecken	
	Haben Hautkontakt	„Wir mögen uns!“	

Tiere der Wildnis

Neue Bildungen, der Natur vorgeschlagen

Der Ochsenspatz
Die Kamelente
Der Regenlöwe
Die Turtelunke
Die Schoßeule
Der Walfischvogel
Die Quallenwanze
Der Gürtelstier
Der Pfauenochs
Der Werfuchs
Die Tagtigall
Der Sägeschwan
Der Süßwassermops
Der Weinpintscher
Das Sturmspiel
Der Eulenwurm
Der Giraffenigel
Das Rhinozepony
Die Gänseschmalzblume
Der Menschenbrotbaum

Christian Morgenstern

Inhalt

Ein Tierfilmer erzählt

Jan freut sich, dass sein Vater heute von seiner Arbeit als Tierfilmer erzählt. Im Klassenzimmer ist es mucksmäuschenstill. Herr Schnell berichtet von seiner letzten Expedition nach Australien: „Die Tiere in der australischen Steppe sind sehr scheu. Um sie beobachten zu können, verkleidete ich mich als Känguru und hüpfte mit meiner Kamera herum. So kam ich ganz nah an Emus, Dingos und Ameisenigel heran.“ Die Kinder lachen. „Ja, das war lustig“, sagt Herr Schnell, „aber dann traf ich ein Riesenkänguru-Männchen. Es wollte mich aus seinem Revier vertreiben. Kängurus sind gute Ringkämpfer. Wenn ich nicht laut geschrien hätte, hätten wir vielleicht miteinander geboxt.“

Wilde Tiere sind oft sehr scheu. Sie fliehen, wenn sie merken, dass sie beobachtet werden. Deshalb muss ein Tierfilmer erfinderisch sein. Entweder baut er sich einen Unterschlupf, den er mit Reisig und Blättern tarnt, oder er verkleidet sich als eines der Tiere.

Braunbären sind Allesfresser. Im Sommer fressen sie sich einen Fettvorrat an. Den Winter verbringen sie meist schlafend in Höhlen. Sie leben hauptsächlich in Nordamerika und Asien.

Der Eisbär lebt in den Regionen rund um den Nordpol. Er ist ein Jäger und ernährt sich hauptsächlich von Robben.

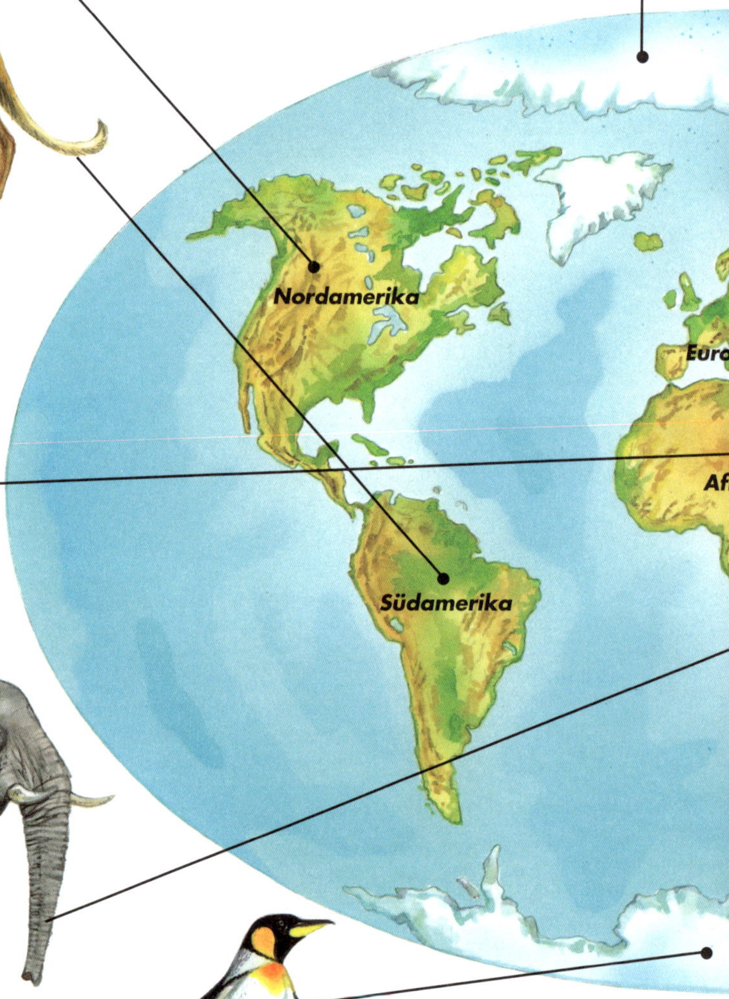

Der Jaguar lebt vor allem im südamerikanischen Regenwald. Er ist die größte Raubkatze und sehr selten.

Der Wüstenfuchs wird auch Fennek genannt. Mit seinen großen Ohren hört er leise Geräusche über weite Entfernungen.

Der afrikanische Elefant mit seinen großen Ohren und den prächtigen Stoßzähnen ist das größte auf dem Land lebende Tier.

Der prächtige Kaiserpinguin lebt wie alle Pinguine nur im südlichen Polargebiet. Mit den kurzen, breiten Flügeln kann er nicht fliegen; als Flossen sind sie sehr nützlich.

Wo lebt welches Tier?

Jans Vater war fast überall auf der Welt, um wilde und vor allem seltene Tiere zu filmen.

Die Gämse ist in den europäischen Alpen zu Hause. Sie lebt mit Artgenossen in kleinen Rudeln und ist ein geschickter Kletterer.

Der Rotfuchs ist in ganz Europa verbreitet. Er bewohnt Waldränder und Felder und ist mittlerweile auch in Stadtparks zu entdecken.

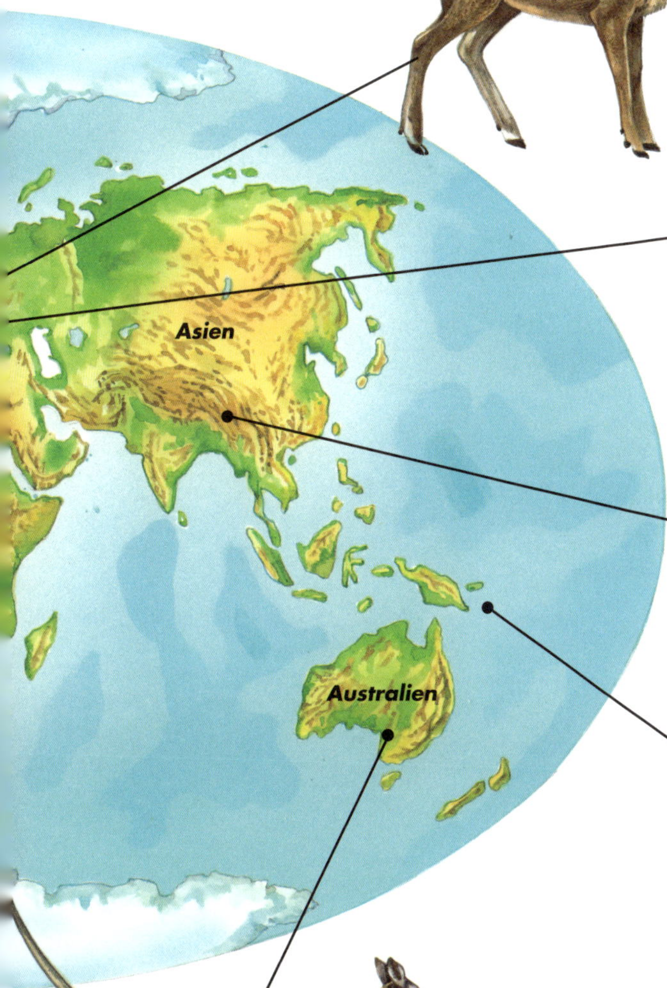

Der Große Panda lebt nur in den Bambuswäldern im Bergland Chinas. Dieses sehr seltene Tier ernährt sich ausschließlich von Bambus.

Der Große Tümmler kommt in allen Ozeanen der Welt vor. Nur in die Polargebiete wagt er sich nicht. Wegen seiner Gelehrigkeit wird er oft in Delfinarien gehalten.

In Australien gibt es mehr als 60 Känguruarten. Das Rote Riesenkänguru ist das größte. Es kann bis zu 10 Meter weit und 3 Meter hoch springen.

Die männlichen Hirsche werfen ihr prächtiges Geweih im März ab.

Hasen haben längere Ohren und kräftigere Hinterbeine als Kaninchen. Auf der Flucht schlagen sie Haken.

Füchse entfernen sich oft bis zu 10 Kilometer von ihrem Bau. Sie jagen kleine Nagetiere und Vögel, fressen aber auch Regenwürmer und Beeren. Für schlechte Zeiten vergraben sie Vorräte.

Dachse halten sich tagsüber in ihren Erdbauten auf. Abends gehen die Allesfresser auf Nahrungssuche.

Wildschweine nehmen gern Schlammbäder und reiben sich danach an einem Baumstamm ab.

Im Wald

„Im Winter ist es oft bitterkalt bei uns“, sagt Herr Schnell. „Aber die Tiere wissen sich gut vor der Kälte zu schützen. Größere Säugetiere wie Hasen oder Dachse bekommen im Herbst ein dickeres Fell. Igel suchen sich einen geschützten Platz und fallen in eine Winterstarre. Vielen Vögeln ist es im Winter zu kalt bei uns. Sie ziehen in den warmen Süden.“

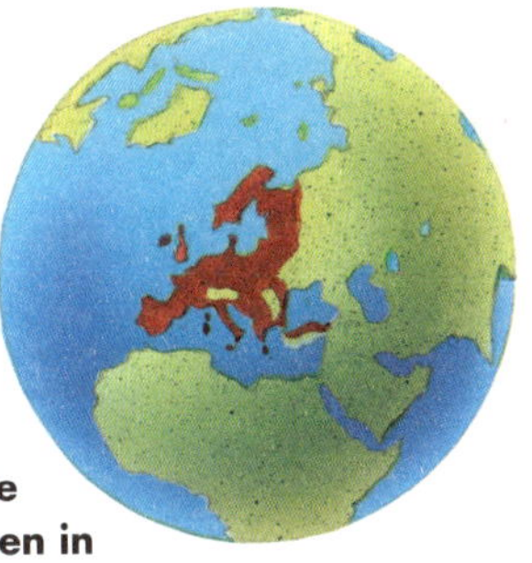

Große Flächen in Mittel- und Nordeuropa sind mit Wäldern bedeckt.

Elche leben in den ausgedehnten Waldgebieten im Norden. Auch in Sumpf- und Moorgebieten bewegen sie sich ohne Schwierigkeiten fort, da sie ihre Hufe weit spreizen können. Sie sind gute Schwimmer und können ganze Seen durchqueren. Mit den Oberlippen können Elche geschickt Zweige und Äste abzupfen. Die männlichen Elche haben schaufelartige Geweihe.

Wölfe leben den Sommer über in Familiengruppen. Das Weibchen zieht die Welpen auf, der Rüde beschafft die Nahrung. Im Winter schließen sie sich zu großen Rudeln mit ausgeprägter Rangordnung zusammen. Dann jagen sie Hirsche, Rentiere und Elche. Vom Wolf stammt unser Haushund ab.

Bis zu 2,20 Meter kann die Flügelspannweite eines Steinadlers sein. Der große Greifvogel packt seine Beute mit den scharfen Krallen und reißt mit dem Hakenschnabel Stücke heraus.

Gämsen stoßen lang gezogene Pfiffe aus, wenn ihnen Gefahr droht.

Die Augen des Luchses sind so scharf, dass er eine Maus noch in 75 Meter Entfernung erkennt. Er schleicht sich an seine Beute, auch Rehe, bis auf wenige Meter heran, um sie dann anzuspringen.

Im Winter sind Alpenschneehühner ganz weiß, im Sommer braun gefleckt. Im Frühling lockt das Männchen die Weibchen mit wildem Balzflug an.

Die Bergwelt

„Je höher man ins Gebirge kommt, umso mehr verändert sich die Natur. Die Wälder werden immer lichter, denn nur wenige Nadelhölzer wachsen in großen Höhen. Oberhalb der Baumgrenze leben kaum noch Pflanzen und Tiere“, erzählt Herr Schnell. „Einmal filmten wir junge Steinadler in ihrem Horst. Das Nest lag unzugänglich auf dem Vorsprung einer Felswand. Um es filmen zu können, mussten wir uns von der Bergspitze abseilen. Das ging aber nur, wenn die Altvögel auf Futtersuche waren.“

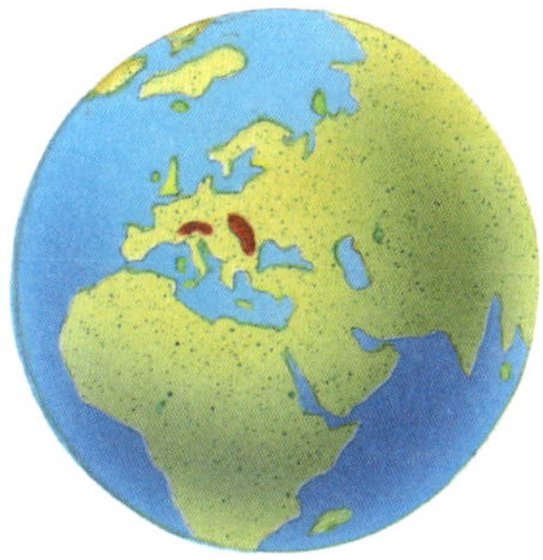

Die größten europäischen Gebirge sind die Alpen, die Pyrenäen, die Karpaten und der Ural. Sie erreichen Höhen von über 4000 Metern. Auf kurze Sommer folgen lange, schneereiche Winter. Neben viel Regen und Wind gibt es schnelle Temperaturwechsel.

Murmeltiere leben an sonnigen Gebirgshängen. Während die anderen Familienmitglieder fressen, hält immer eines Wache. Es pfeift bei Gefahr.

Steinböcke findet man in Höhen bis zu 3500 Meter. Sie lieben felsiges Gelände und bewegen sich selbst an steilen Abhängen sicher. Die Böcke tragen einen Kinnbart und nach hinten gekrümmte Hörner. Die Hörner der Weibchen sind deutlich kürzer.

Das Gebiss einer Hyäne ist so stark, dass sie damit sogar Knochen durchbeißen kann.

Bei den Löwen übernehmen meist die Löwinnen die Jagd. Trotzdem darf das stärkste Männchen zuerst fressen.

Wegen ihres hundeähnlichen Kopfes werden Paviane auch Hundsaffen genannt. Tagsüber suchen sie am Boden nach Nahrung, nachts verziehen sie sich auf ihre Schlafbäume.

Die bis zu 6 Meter hohen Giraffen müssen beim Trinken die Vorderbeine weit spreizen, um sich zum Wasser hinabbeugen zu können. Die Gefahr, von einem Krokodil angegriffen zu werden, ist groß!

Elefanten leben in Herden von 10 bis 20 Tieren. Sie werden von einer erfahrenen Elefantenkuh angeführt. Mit ihrem Rüssel riechen Elefanten nicht nur, sondern sie tasten auch damit und reißen Blätter von den Bäumen. Die bis zu 3 Meter langen Stoßzähne werden als Werkzeuge eingesetzt.

Flusspferdbabys kommen unter Wasser zur Welt. Zum Atmen hilft ihnen die Mutter an die Wasseroberfläche. Fast ein Jahr werden die Kleinen unter Wasser gesäugt.

Die afrikanische Savanne

„Waren Sie auch schon mal in Afrika?“, will Kai wissen. Als Herr Schnell nickt, bedrängen ihn die Kinder. „Bitte erzählen Sie! Haben Sie auch Löwen gesehen?“ „Löwen sind leicht zu beobachten, weil sie sich tagsüber gerne an ihren Stammplätzen ausruhen“, erzählt er. „Viel gefährlicher sind Nashörner oder Flusspferde. Wenn die sich gestört fühlen, greifen sie sofort an. Einmal versuchte ich von meinem Auto aus Gazellen zu fotografieren und bemerkte nicht, dass ich auf einem Pfad stand, den eine Nashornmutter und ihr Junges jeden Tag benutzten. Das Nashorn nahm Anlauf und versuchte mein Auto umzuwerfen. Wir entkamen nur, weil der Fahrer schnell genug Gas gab!“

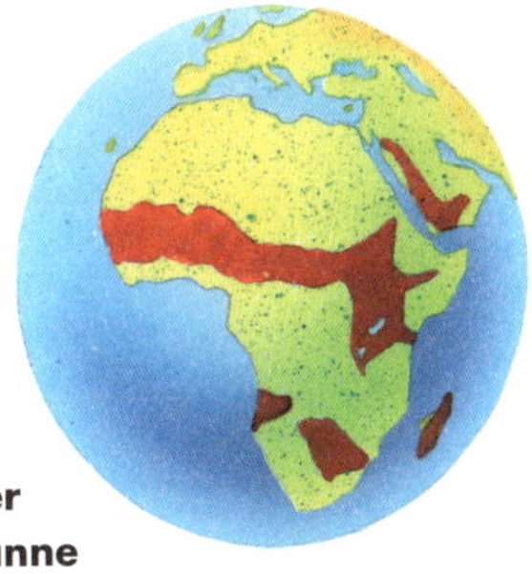

In der Savanne gedeihen nur Gräser und wenige Bäume. Die Sommer sind feucht und heiß, die Winter trocken und warm. In der Trockenzeit wandern die Tiere zu den wenigen Stellen, an denen es Wasser gibt.

Das unbehaarte Gesicht der Schimpansen kann Freude, Trauer und Zorn ausdrücken. Diese Menschenaffen sind sehr klug und benützen sogar Werkzeuge, um an Insekten und Früchte heranzukommen.

Mit 110 km/h Spitzengeschwindigkeit sind die Geparden die schnellsten Säugetiere der Welt. Dieses Tempo können sie nur kurz durchhalten. Waren sie erfolglos, müssen sie lange ausruhen, bis sie wieder lossprinten können.

Dromedare können sehr lange ohne Nahrung und Wasser auskommen, weil sie in ihren Höckern Fett speichern. Die langen Wimpern schützen ihre Augen vor Sand und die breiten Hufe verhindern, dass die Tiere im Sand versinken.

Die Oryxantilope gehört zu den schönsten Antilopen. Männchen und Weibchen tragen Hörner, die wie Spieße aussehen. Deshalb werden sie auch Spießböcke genannt.

Im Stachel des Riesenskorpions sitzt Gift. Doch diese Tiere sind sehr scheu und stechen nur, wenn sie bedroht werden. Das Weibchen trägt die durchsichtigen Jungen nach dem Schlüpfen auf dem Rücken.

Die bis zu 90 Zentimeter lange Sandotter ist für den Menschen sehr giftig. Sie gräbt sich tief in den kühlen Sand ein. Während sie nach einem Beutetier schnappt, richten sich ihre Giftzähne im Maul auf.

Große Wüsten – die Sahara

„Papa, erzähl uns über die Wüste!“, bittet Jan. „Da gibt es doch außer Dromedaren und Skorpionen keine anderen Tiere“, behauptet Steffi. „Das meinen viele“, sagt Herr Schnell. „Alle stellen sich unter der Wüste immer nur hohe Sanddünen vor. Es gibt aber Gesteinswüsten und Schotterwüsten mit Salzseen. In Bergwüsten können sich Täler bei Regen in reißende Flüsse verwandeln. Überall gibt es Oasen, die aus unterirdischen Seen ihr Wasser beziehen. Die Tiere dort haben sich an ihre wasserarme Umgebung angepasst. Manchen reicht der Tau der Nacht, um zu überleben.“

In Wüsten wie der Sahara gibt es kaum Wasser. Dort überleben nur Pflanzen, die Wasser speichern können. Tagsüber ist es sehr heiß, nachts wird es eiskalt. Es regnet fast nie.

In Prärien und Wüsten der südlichen USA leben Klapperschlangen. Wenn sich diese Giftschlangen bedroht fühlen, rasseln sie mit ihrer Schwanzklapper aus Hornringen.

Mit seinen großen Ohren hört der Fennek jedes Geräusch. Der kleine Wüstenfuchs schläft am Tag und geht nachts auf Jagd.

Wüstenspringmäuse gehören zu den Rennmäusen. Nachts hüpfen sie wie kleine Kängurus über den Sand.

Die Gila-Krustenechse in den USA und die Skorpion-Krustenechse aus Mexiko sind die beiden einzigen giftigen Echsenarten der Welt. Sie werden etwa 60 Zentimeter lang und sind nur nachts unterwegs.

Obwohl Braunbären Raubtiere sind, fressen sie auch Beeren und Gräser. Mit den Krallen fangen sie geschickt Fische. Im Winter ziehen sich die Bären zur Winterruhe zurück. In dieser Zeit gebären die Weibchen ihre Jungen.

Früher zogen riesige Bisonherden über die Prärie. Sie waren die wichtigste Jagdbeute der Indianer. Doch die weißen Siedler rotteten die Tiere fast vollständig aus. Heute leben wieder 50 000 dieser Tiere in Naturschutzparks.

Wälder und Prärien Nordamerikas

„Ich habe schon mal ein Stinktier fotografiert!“, sagt Paul und zeigt stolz ein Foto herum. „Wir waren nämlich letztes Jahr in den USA im Urlaub.“ Lea schaut sich Pauls Foto als Erste an. Es ist ziemlich verwackelt. Eigentlich sieht man nur einen schwarzweißen, buschigen Schwanz, der drohend in die Höhe gerichtet ist. „Das ist ja ganz unscharf“, meint sie. „Wetten, du hättest das Stinktier überhaupt nicht fotografiert“, wehrt sich Paul. „Es war nämlich ziemlich sauer, weil ich ihm zu nah kam. Es drehte sich um, um mir seine stinkende Abwehrflüssigkeit ins Gesicht zu spritzen. Trotzdem habe ich das Foto beim Wegrennen gemacht!“

Der Norden Amerikas ist von dichten immergrünen Nadelwäldern bedeckt. Hier leben sehr viele Tierarten. Die Sommer sind feucht und kühl, die Winter sehr lang, kalt und schneereich.

Das Streifenstinktier besitzt am Hintern eine Stinkdrüse, in der eine übel riechende Flüssigkeit gebildet wird. Fühlt sich das Tier angegriffen, dreht es sich um und spritzt die Flüssigkeit dem Feind direkt ins Gesicht.

Der Weißkopfseeadler ist der Nationalvogel der USA. Er hat kräftige Greiffüße und einen Hakenschnabel. Seine Flügelspannweite beträgt über 2 Meter. Weil dieser prächtige Greifvogel sehr selten geworden ist, werden seine Horste während der Brutzeit von Naturschützern bewacht.

Pumas oder Berglöwen sind Einzelgänger. Sie leben sehr zurückgezogen in großen Revieren und jagen Hasen, Hirsche und am Boden lebende Vögel.

Der Schnabel eines Tukans ist länger als sein Körper. Trotzdem ist er sehr leicht, weil er innen hohl ist. Mit ihm zerteilt der Vogel große Früchte.

Faultiere machen alles sehr langsam. Weil sie oft wochenlang fast regungslos herumhängen, wachsen sogar Pflanzen auf ihrem Fell.

Die Anakonda gehört zu den Riesenschlangen. Sie kann über 9 Meter lang werden und erwürgt ihre Beute, bevor sie sie im Ganzen verschlingt.

In kleinen Familiengruppen durchstreift der Jaguar sein großes Revier. Er ist die größte Raubkatze Amerikas.

Der südamerikanische Regenwald

„Weiß jemand von euch, in welchem Lebensraum der Erde die meisten Tierarten leben?“, fragt Herr Schnell. Die Kinder haben keine Ahnung. „In den tropischen Regenwäldern leben mehr Pflanzen und Tiere als irgendwo anders“, erklärt er. „Im Regenwald gibt es auch die giftigen Pfeilgiftfrösche“, weiß Tobias. „Das Gift eines kleinen Froschs reicht aus, um große Tiere zu töten. Manche Indianerstämme tauchen ihre Pfeile in das Gift, bevor sie auf die Jagd gehen!“

Im tropischen Regenwald regnet es fast jeden Tag. Bäume und Pflanzen wachsen sehr schnell. Leider werden die Wälder immer noch abgeholzt, sodass das größte Urwaldgebiet der Erde bedroht ist.

Die leuchtend blauen Morphofalter haben sehr lange Saugrüssel. Sie gebrauchen sie wie Strohhalme, um den Nektar aus den Blüten zu saugen.

Kaimane sind mit den Krokodilen verwandt und kommen nur in Amerika vor. Sie ernähren sich von Fischen und Säugetieren, die sich ans Wasser wagen.

Tapire sind friedliche Tiere. Sie sind nachts unterwegs, um große Mengen an Früchten und Blättern zu fressen.

Das Gürteltier hat einen Panzer aus Knochenplatten. Bei Gefahr rollt es sich zu einer Kugel zusammen, die kein Feind knacken kann.

Der größte australische Vogel ist der Emu. Wie sein afrikanischer Verwandter, der Strauß, kann er nicht fliegen. Nach der Eiablage überlassen die Weibchen den Männchen die Aufzucht der Jungen.

Das Rote Riesenkänguru hat mehrere Möglichkeiten, um sich gegen Feinde zur Wehr zu setzen: Es kann boxen, ringen oder sich auf seinen Schwanz aufstützen und mit den Hinterbeinen ausschlagen.

Dingos sind verwilderte Hunde. In Rudeln jagen sie Beuteltiere und greifen auch Schafherden an.

Der australische Busch

„Warum gibt es eigentlich in Australien Tiere, die sonst nirgendwo auf der Welt leben?“, fragt Aisha.

„Vor tausenden von Jahren hat sich Australien von den anderen Kontinenten abgespalten“, erklärt Herr Schnell. „Es kamen keine anderen Arten nach Australien, mit denen sich die Tiere und Pflanzen dort vermischen konnten oder die sie verdrängt hätten. Erst als vor etwa 200 Jahren die Europäer mit Schafen, Kaninchen und Hunden in Australien ankamen, gelangten zum ersten Mal fremde Tierarten auf diesen Kontinent.“

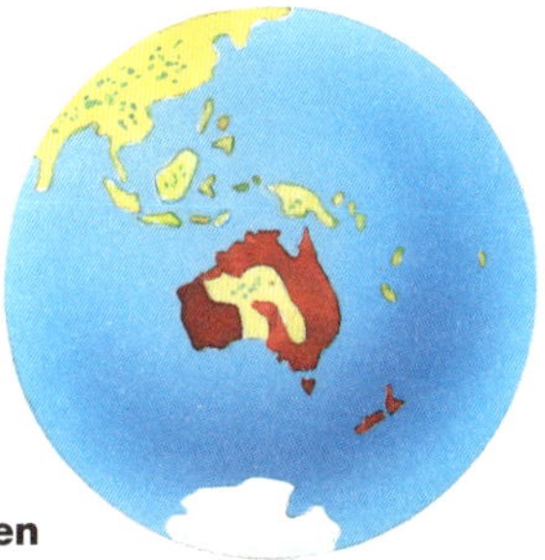

In großen Teilen Australiens regnet es kaum. Trotzdem gibt es im australischen Busch viele Tiere, die in dem wüstenartigen Klima genügend Nahrung und Wasser zum Überleben finden.

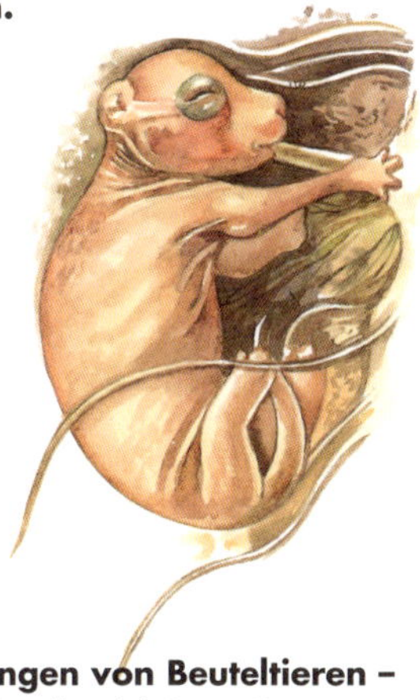

Die Jungen von Beuteltieren – wie hier das kleine Känguru – werden zweimal geboren. Zuerst wandern sie winzig klein in den Bauchbeutel der Mutter und saugen sich an einer Zitze fest. Nach einigen Monaten sind sie groß genug und verlassen den Beutel. Das ist ihre zweite Geburt.

Der Koalabär ist kein Bär, sondern ebenfalls ein Beuteltier. Er frisst ausschließlich die Blätter bestimmter Eukalyptusbäume. „Koala“ bedeutet in der Eingeborenensprache „der, der nie trinkt“. Um zu überleben, schleckt er den Tau ab, der auf den Eukalyptusblättern liegt.

Die einzigen Säugetiere, die Eier legen, sind Schnabeltier und Schnabeligel. Schnabeltiere besitzen einen Entenschnabel, einen Biberschwanz und Schwimmhäute.

Der Orang-Utan verlässt die Bäume im Dschungel Indonesiens nur, um etwas zu trinken. Abends baut er sich in einer Astgabel ein Schlafnest. Mit bis zu 90 Kilogramm ist er das schwerste Säugetier, das auf Bäumen lebt!

Im Gegensatz zu den afrikanischen Elefanten tragen bei den asiatischen nur die Bullen Stoßzähne. Sie sind insgesamt kleiner und haben auch kleinere Ohren.

Dschungel und Sümpfe in Südostasien

Shanti kommt aus Indien. Fast jedes Jahr reist sie mit ihren Eltern in ihre Heimat. „Meine Verwandten wohnen in einem kleinen Dorf mitten im Dschungel“, erzählt sie. „Rund um das Dorf ist ein hoher Zaun. Der schützt die Dorfbewohner vor Schlangen, aber auch vor Tigern, die immer wieder in die Gegend kommen. Nur die Arbeitselefanten leben draußen vor dem Dorf. Die Tiger nehmen sich in Acht vor ihnen, weil sie wissen, dass sie sehr angriffslustig sind – besonders, wenn sie Junge haben.“

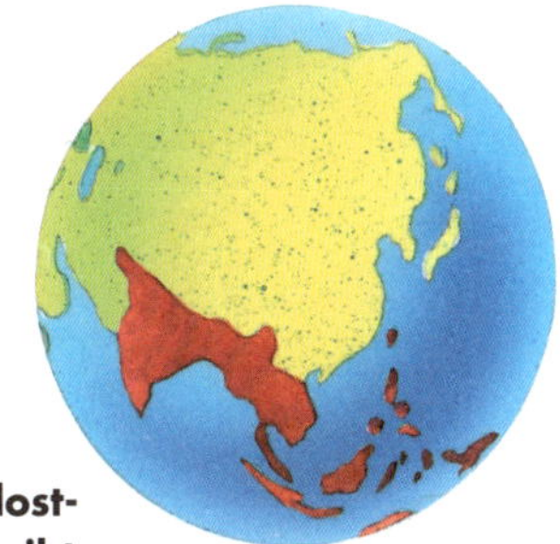

In Südostasien gibt es viele Regenwälder, aber auch Sümpfe und Bambuswälder. Die Temperaturen sind Sommer wie Winter fast gleich hoch. Es ist feuchtheiß und regnet viel.

Sein gestreiftes Fell macht den Tiger im Dschungel fast unsichtbar. Die größte aller Raubkatzen benötigt täglich etwa 15 Kilogramm Fleisch. Zum Fressen schleppt der Tiger seine Beute an einen geschützten Platz.

Pandas leben in den chinesischen Bergwäldern. Sie ernähren sich fast nur von den Blättern und Trieben der Bambuspflanze. Um satt zu werden, müssen sie täglich bis zu 14 Stunden fressen. Weil immer mehr Bambuswälder gerodet werden, finden die Pandas nicht mehr genug zu fressen und sind deshalb bedroht.

Das Javanashorn besitzt wie das indische Panzernashorn nur ein Horn. Es gibt nur noch etwa 60 Tiere dieser Art. Die Tiere sind deshalb geschützt.

Eisbären sind hervorragende Schwimmer. Sie tragen zwischen ihren Zehen sogar Schwimmhäute. Bei der Jagd auf Seerobben können sie bis zu 2 Minuten tauchen. Eine dicke Fettschicht schützt sie vor dem eiskalten Wasser. Eisbärenbabys kommen in Schneehöhlen zur Welt.

Die Männchen der Narwale tragen ein bis zu 3 Meter langes Horn an ihrem Kopf. Es ist der verlängerte obere Schneidezahn.

Der Polarfuchs hat nur kleine Ohren, damit über sie nicht zu viel Körperwärme verloren geht.

Arktis und Antarktis

Jans Vater hat eine Kühltasche mitgebracht. „Bevor ich euch nun über die beiden kältesten Regionen der Welt erzähle“, verkündet er, „wollen wir uns erst auf das kalte Klima einstellen.“ Er öffnet die Kühltasche und verteilt an jedes Kind ein Eis. „Diese Gegend der Welt gefällt mir am besten!“, sagt Steffi. „Stimmt es eigentlich, dass Eisbären sich von Pinguinen ernähren?“, fragt sie. „Da hat dir jemand einen Bären aufgebunden“, antwortet Herr Schnell. „Eisbären leben nur am Nordpol, Pinguine kommen nur am Südpol vor. Die beiden Tierarten können sich also gar nicht in freier Wildbahn begegnen.“

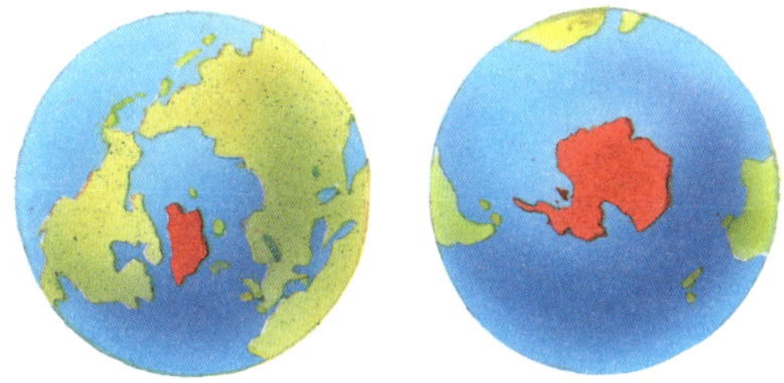

Die Polargebiete sind die kältesten Regionen der Welt. Der Nordpol wird auch Arktis genannt und umfasst ein riesiges gefrorenes Meer, das von mit Schnee und Eis bedecktem Land umgeben ist.

Das Kaiserpinguinmännchen hat 2 Monate lang das Ei ausgebrütet. Jetzt wartet es auf die Rückkehr des Weibchens, das das Junge füttern wird. Dann geht das Männchen auf Nahrungssuche, während das Weibchen ihr Junges wärmt.

Die Sattelrobbe gehört zu den Hundsrobben. Weil sie sich an Land nur unbeholfen fortbewegen kann, lebt sie die meiste Zeit im Wasser.

Die Eckzähne des Walrosses sind riesige Hauer. Sie helfen beim Ausgraben von Muscheln und werden bei Revierkämpfen als Waffe eingesetzt.

Der Große Tümmler ist ein sehr verspielter und intelligenter Delfin. Er ist bekannt dafür, dass er kranken Artgenossen hilft.

Der bis zu 7 Meter breite Riesenmanta wird auch Teufelsrochen genannt. Dieses sehr friedliche Tier ernährt sich nur von winzig kleinen Lebewesen, dem Plankton.

Die Karettschildkröte ist vom Aussterben bedroht. Sie kommt nur zur Eiablage an einen Strand.

Beim Fressen umfasst der Seestern mit seinen Armen eine Muschel und saugt sie aus.

Ozeane und Meere

Der Vormittag mit Herrn Schnell vergeht wie im Flug. Die Kinder aus Jans Klasse hätten am liebsten jeden Tag so spannenden Unterricht. „Eigentlich sind wir jetzt um die ganze Erde gereist!“, stellt Lukas fest. „Nur die Wassertiere fehlen uns noch“, meint Kai. „Da habt ihr Recht“, sagt Jans Vater. „Über die größten Flächen der Erde habe ich gar nichts erzählt. Schließlich sind zwei Drittel der Erde mit Wasser und nicht mit Land bedeckt. Weite Teile der Meere und Ozeane sind noch nicht erforscht worden. Wer weiß – vielleicht wird jemand von euch einmal Meeresforscher und kann dann Kindern von der Welt unter Wasser berichten?“

Kalte und warme Meeresströmungen beeinflussen das Wetter und die Temperaturen auf der Erde. Auch die Pflanzen- und Tierwelt unter Wasser passt sich diesen Verhältnissen an.

Nur wenige der 200 Haiarten, wie zum Beispiel der Weiße Hai, können dem Menschen gefährlich werden. Haie haben mehrere Reihen Zähne, die immer wieder nachwachsen.

Die bis zu 60 Zentimeter langen, prächtigen Kaiserfische leben in der Nähe von Korallenbänken in warmen tropischen Meeren.

Der größte aller Zahnwale ist der Pottwal. Er kann bis zu 1000 Meter tief tauchen und über eine Stunde unter Wasser bleiben.

Bei den Seepferdchen bringt der Vater die Kinder zur Welt. Die Mutter legt nur die Eier in die Bauchtasche des Vaters. Der klammert sich mit seinem Ringelschwanz an eine Alge und wartet, bis einen Monat später die Jungen ausschlüpfen.

Lies mal weiter!

Tierforscher schätzen, dass es etwa 1,5 Millionen verschiedene Tierarten gibt. Jede Tierart kann auf ihre Art Unglaubliches leisten. Wusstest du zum Beispiel, dass ein Windhund fast so schnell rennen kann wie ein Gepard? Oder dass ein Esel 100 Jahre alt werden kann? Hier erfährst du noch mehr über außergewöhnliche Tiere.

Chamäleons sind normalerweise eher unauffällig gefärbt. Je nach Stimmung können sie jedoch ihre Farbe wechseln und plötzlich ganz hell oder dunkel werden. Ihre vorstehenden Augen können sich unabhängig voneinander bewegen. Mit ihrer Schleuderzunge, die fast so lang ist wie sie selbst, „schießen" sie ihre Beute von den Zweigen.

Der einzige Vogel, der rückwärts fliegen kann, ist der **Kolibri**. Mit bis zu 78 Flügelschlägen in der Sekunde kann er wie ein Hubschrauber vor den Blüten in der Luft stehen bleiben und mit seinem langen Schnabel Nektar daraus trinken. Der kleinste Kolibri ist die Bienenelfe aus Kuba. Er ist nur 6 Zentimeter lang und somit der kleinste Vogel der Welt. Es gibt insgesamt rund 340 Kolibriarten. Sie leben alle in Nord-, Mittel- oder Südamerika.

Kaum zu glauben, dass dieser nur 60 Zentimeter große **Riesengleitbeutler** bis zu 100 Meter durch die Luft segeln kann. Dieses Beuteltier, das mit den Koalas verwandt ist, besitzt zwischen Ellenbogen und Knie eine Flughaut, mit der er von Baum zu Baum gleiten kann. Er ernährt sich von Pollen, Früchten und Nektar.

Diese farbenprächtige **Rotknievogelspinne** gehört zu den schönsten Spinnen. Sie lebt in weiten Teilen Mexikos in selbst gegrabenen oder natürlichen Wohnhöhlen.

Nachts geht sie auf Beutefang. Sie lauert ihren Opfern – Heuschrecken oder andere Insekten – auf Büschen und Bäumen auf und tötet sie mit ihren Giftklauen.

Die afrikanischen **Wanderheuschrecken** sind sehr gefürchtet. Alle paar Jahre bilden sie große Schwärme und ziehen zu hunderttausenden über das Land. Dabei fressen sie Felder und Bäume in Minutenschnelle völlig kahl. Wanderheuschrecken haben schon manche Hungersnot ausgelöst. Ein Schwarm kann 250 Kilometer lang und 20 Kilometer breit werden.

Gorillas leben im Herzen Afrikas in festen Familienverbänden. Einige Weibchen und ihre Jungen werden vom kräftigsten Tier, dem „Silberrückenmännchen", angeführt. Diese größten aller Menschenaffen verständigen sich durch eine eigene Sprache.

Galapagos **Riesenschildkröten** gab es schon zur Zeit der Dinosaurier. Außer den Menschen haben sie keine Feinde. Ihr Knochenpanzer, in den sie Kopf und Gliedmaßen einziehen können, schützt sie. Diese größte aller Schildkröten kann bis zu 250 Kilogramm schwer und bis zu 150 Jahre alte werden. Sie legt ihre Eier in ein selbst gegrabenes Erdloch und lässt sie von der Sonne ausbrüten. Wenn die Jungen schlüpfen wiegen sie nur etwa 80 Gramm.

1938 fing ein südafrikanischer Fischer den ersten **Quastenflosser**. Bis dahin glaubte man, dass diese Urzeitfische

schon seit 65 Millionen Jahren ausgestorben seien. Vielleicht ist der Fisch oder einer seiner nahen Verwandten ein Urahne der ersten Amphibien. Quastenflosser leben in etwa 200 Meter Tiefe in Höhlen.

Warane gehören zu den Kriechtieren. Wie die Schlangen haben sie eine gespaltene Zunge. Damit spüren sie ihre Beute auf. Der Komodowaran ist der größte aller Warane. Er lebt nur auf der Insel Komodo in Indonesien und wird 3 bis 4 Meter lang. Er frisst Vögel, andere Kriechtiere und auch Säugetiere bis zur Größe einer Ziege.

Das afrikanische **Spitzmaulnashorn** lebt sowohl in der offenen Savanne als auch im dichten Busch. Es verfügt über ein zugespitztes Maul, mit dem es ausgewählte Blätter und Zweige pflücken kann. Dieses Tier kann 40 Jahre alt werden. Leider wird es wegen seines Nasenhorns stark bejagt,sodass es heute nur noch etwa 2000 davon gibt.